狗狗這樣吃不生病

浴本涼子　著

INTRODUCTION

我剛成為獸醫時認為：「狗狗或貓咪只能吃飼料」、「生病的話，一定要餵處方飼料」。因此，當有飼主跑來問我：「家中毛小孩生病，又不吃處方飼料怎麼辦？」我都只回答：「請想盡辦法讓牠吃」。

不過我自己養貓之後，漸漸開始覺得：「應該要餵牠們真正想吃的東西才對呀！」

後來我的愛貓病了，讓牠吃飯變成一件很困難的事，加上我自己的身體狀況失調，連小孩都出現了異位性皮膚炎。在發生這一連串的事情後，我才體認到飲食的重要性。但遺憾的是，我的愛貓持續和病魔奮鬥幾個月後離開了我。就在那時我下定決心，希望未來加入我們家庭的毛小孩可以什麼都吃。

之後，來到我們家的毛小孩是一隻可愛的狗，我們叫牠權太。雖然才剛下定決心要親手幫狗狗做鮮食餐，但真的要動手時又不斷煩惱：「該怎麼做才能營養均衡？一餐的分量是多少？……」心中充斥著許多不安，遲遲無法踏出第一步。不過，我還是挑戰每餐都做一點狗飯或自製鮮食餐放在飼料上，結果一個月後，權太原本的淚痕和體臭完全消失，甚至連便便都不臭了！不只是我，我們全家人都嚇了一大跳。

權太只要看到我做飯就會非常興奮、高興到幾乎坐不住。看牠津津有味地吃進我精心準備的食物，都像在對我說：「這太好吃了！」而且牠每次都會吃得精光、用閃閃發亮的眼神看著我，我不只內心總是充滿喜悅，也覺得我越來越愛權太了。

我真心地希望有更多的飼主們能體驗到這種無與倫比的喜悅。於是開啟了我想寫這本書的念頭。

為了讓家裡的毛寶貝從體內開始變健康，就需要持續餵食我們親手做的鮮食餐。萬一材料不好取得、或是作法太難，很快就會想放棄，因此本書的食譜都以日常容易取得的食材為主。另外，有些菜色的設計還可以讓全家人吃得美味，同時跟愛犬一同分享，藉此加深飼主與寵物之間的關係更親密。

期盼這本書的出現，能讓那些希望愛犬一直健康又長壽的飼主們踏出親手做鮮食餐的第一步。如果能讓每隻可愛的狗狗更健康、更幸福，我將感到非常榮幸。

浴本涼子

Prologue 作者序

「吃飯」是最令人期待的事了

外出散步、緊緊擁抱、玩丟球遊戲……，
每一天都有好多事能讓狗狗開心。
當然，牠最喜歡的還是吃飯！
用滿滿的肉類和蔬菜為牠準備手作鮮食，
希望能讓牠對吃飯充滿期待。

「今天吃什麼呢？」「今天吃魚喔！」

開始親手為狗狗做飯後，

覺得和狗狗之間的溝通、互動

也變得更加深刻了。

可能是因為我們一起分享了一樣的食物，

讓心意更加相通了吧？

「在戶外吃，感覺更好吃了呢！」
與狗狗四目相接時，看見牠眼神中傳達著好吃的訊息。
無論在家或在外面，隨時隨地都能享受手作鮮食，
真希望牠永遠充滿活力，和樂融融地和我們生活在一起！

INTRODUCTION 引言 —— 2

Prologue 作者序
「吃飯」是最令人期待的事了 —— 4

擔心狗狗的飲食健康而陷入不安的漩渦 —— 14

CHAPTER 1　　狗狗健康鮮食餐的基本概念

什麼樣的飲食對狗狗的身體好？ —— 18

先了解狗狗的生理構造 —— 20

什麼樣的飲食會讓狗狗開心？ —— 22

手作健康鮮食的優點 —— 24

應該攝取的食材和營養素 —— 26

從做得到的部分開始嘗試吧 —— 28

column
讓手作健康鮮食餐的樂趣加倍
對狗狗也有效！藥膳狗食 —— 30

CHAPTER 2　手作鮮食食譜──入門篇

狗狗也可以吃的常見食材 ── 32

狗狗絕對不能吃的 NG 食材 ── 39

手作健康鮮食的要點 ── 40

一天所需的膳食分量 ── 42

料理的基本 ── 44

餵食重點 ── 50

recipe　一湯匙的營養補充品 ── 52
　　　芝麻蜂蜜　52
　　　熱呼呼蘿蔔葛粉糊　52
　　　羊栖菜油脂補充品　53

水分、營養補給湯 ── 54
　　雞湯　54／小魚乾粉湯　56
　　柴魚湯　56

小分量的配菜或分享餐 ── 58
　　豬肉湯分享餐　59
　　沙拉分享餐　59
　　炒蛋配菜　60／納豆配菜　61

超簡單！自製零食點心──62
　　季節水果＆優格　62／豆漿寒天點心　63
　　地瓜軟餅乾　64／咔哩咔哩蔬菜棒　65

手作鮮食基礎食譜──66
　　基礎什錦粥　67／鮭魚拌飯　68
　　蔬菜鮮菇炒飯　69

column
手作鮮食實證報告①──70

CHAPTER 3　健康對症鮮食餐──進階篇

關於飲食生活和慢性病的知識 —— 72

手作鮮食可預防肥胖 —— 74

手作鮮食食譜的組合方法 —— 76

各年齡層狗狗的膳食型態 —— 78

了解食材的功效 —— 80

兩星期後進行健康檢查 —— 82

recipe　當狗狗沒有活力時 —— 84
　　　芝麻味噌豆漿烏龍麵　85
　　　南瓜紅豆配菜　86
　　　味噌煮鯖魚　87
　　　鮪魚冷泡飯　88
　　　納豆梅子乾烏龍麵　89

當狗狗怕冷時 —— 90
　　鮭魚味噌雜燴粥

當狗狗怕熱時 —— 91
　　豬肉燉菜

當狗狗便秘時 —— 92
　　鮪魚地瓜粥

當狗狗拉肚子、腸胃不好時 —— 93
　　山藥雞肉丸湯

當狗狗有皮膚問題時 —— 94
　　雞肝燉番茄／南瓜義式麵疙瘩

照顧狗狗的牙齒和牙齦健康 —— 96
　　鱈魚豆漿湯／納豆秋葵湯泡飯

當狗狗有點胖時 —— 98
　　豆渣漢堡排／小羊肉粥

當狗狗很挑食時 —— 100
　　豬絞肉大阪燒／雞蛋蔬菜粥

當狗狗年紀大時 —— 102
　　雞肉燉番茄／豆漿白醬燉鮭魚

column
手作鮮食實證報告②③ —— 104

CHAPTER 4　**促進狗狗健康的生活習慣**

保持活力的生活習慣 —— 108

每天觀察就能守護狗狗健康 —— 110

便便和尿尿的觀察重點 —— 112

在家就能做的身體保健 —— 114
　　經絡穴道按摩　114／淋巴按摩　115
　　草本植物球　116／刷牙、口腔保健　117

簡單的健康訣竅 10 —— 118

關於飲食的 Q&A —— 120

狗飼料的標籤閱讀法和挑選法 —— 124

食材 INDEX —— 125

擔心狗狗的飲食健康而陷入不安的漩渦

本書的閱讀方法

書中食譜設計的所有鮮食餐，都是以 5kg 的
健康成犬一天需攝取的分量為準。
可參考 p.43 的「不同體重的膳食分量表」，
配合愛犬的體重來調整製作的量。
完全替換成手作鮮食後，請務必確認狗狗的體
重、體型及身體狀況喔！

1 大匙＝15c.c.
1 小匙＝5c.c.
1 杯＝200c.c.
少許＝食指與拇指捏起的極少量

本書食譜是以健康的成犬為對象設計。如果家
中的狗狗目前生病了，或正在吃處方飼料，若
有以上狀況，那麼在開始吃手作鮮食之前，請
務必和獸醫師討論。即使是健康的狗狗，如果
在開始吃手作鮮食後，持續有身體不適的現
象，也請一定要帶去讓獸醫師診察。

狗狗健康鮮食餐的基本概念

什麼樣的飲食對狗狗的身體好？

每次餵飯時，

總是把拆開來的飼料全部倒進碗裡就結束了，

看到狗狗這樣的飲食生活，也曾想過：

「真的可以讓牠一輩子都這樣吃嗎？」

真希望我深愛的狗狗能永遠健康啊～

那麼，對牠來說，身體好的飲食關鍵到底是什麼呢？

對狗狗身體好的飲食關鍵

狗狗的身型和人類大不相同，卻是同為哺乳類的好夥伴。在各種哺乳類中，狗和人類共同生活相當長的時間，一直以來也都有共享食物的習慣。

雖然狗和人非常親密，但關於狗狗的飲食、疾病和其他相關研究，卻不像人類一樣發達。人在漫長的歲月中了解到許多「對身體好的概念」。一樣的核心理論延伸到同為哺乳類的狗狗身上也適用，像是：「均衡飲食非常重要」、「過胖對身體不好」等等，其實是相通的。

重點是讓身體變健康

要維持身體機能需要仰賴食物，想讓身體充滿活力，當然少不了「健康的飲食」，重點就是右頁列出的 4 大要點。如大家熟知的老生常談：「要維持血液乾淨清澈」、「寒涼是萬病之源」⋯⋯，注意到這些就能改善身體的保護系統、提高免疫力，並免於疾病的侵害。想同時達到這 4 大重點，最適合的方法就是手作鮮食。不必過度擔心人所吃的食物會對狗狗造成危害，和人共同生活，自然而然地擁有了能和人吃一樣食物的體質。

讓全身更有活力的 4 大要點

要促進血液循環

負責輸送氧氣和營養到身體各個角落的就是全身的血液，而排出老廢物質等不必要東西的也是血液。因此血液循環一旦有阻塞、不順暢的問題，就會衍生出各種的問題。

讓體溫上升

中醫理論中的「寒涼冰冷是萬病之源」這句話，對狗狗也適用。如果體溫比室溫更低，血液循環就會變差，免疫力也會跟著下降。因此如何避免身體變冷相當重要。

水分補給

為了促進血液循環並確實排出老廢物質，水分補給是不可少的。狗狗和貓咪對口渴的感覺很遲鈍，所以如果只吃乾飼料的話，很容易出現水分不足的情形。當毛孩不會自己主動去喝水時，就需要幫牠將水分和飲食混合。

腸內環境改善

相信你一定聽過腸道中有益菌和壞菌吧？當腸內的壞菌增加時，不僅會出現各種不適，也會導致疾病；不過相對地，腸道環境也很容易藉由飲食來改善。另外也有學者認為，腸內菌叢的平衡，有助於精神穩定。

先了解狗狗的生理構造

比起草食性動物有好幾個胃，肉食性動物是牙齒很尖銳，

動物的身體構造和飲食習慣有著非常密切的關係。

在開始手作鮮食之前，

請先試著瞭解狗狗身上和「飲食」相關的生理構造吧！

適合狗狗生理構造的食物

生物的身體結構，和牠適合的食物息息相關，我們一起來了解狗狗吃什麼樣的東西更容易消化。首先，狗的牙齒一共有 42 顆，其中像人類臼齒一樣有磨碎功能的牙齒很少，幾乎都是適合穿刺、撕咬的牙齒形狀。另外，人類唾液中的澱粉酶會先在口中分解碳水化合物，不過狗狗唾液中並沒有任何消化酵素，最先在胃被消化的是蛋白質。狗狗腸道的長度也比人更短（＝消化時間短），由此可知，雖然狗狗給人什麼都吃的印象，不過在身體結構更偏向肉食性。

狗狗的味覺和喜歡的味道

味道分為甜味、酸味、鹹味、苦味、鮮味這 5 種，而能夠感受「味道」的器官，正是位於舌頭上的「味蕾」。狗狗的味蕾數量只有人類的 1/5，所以無法像人一樣品嘗到各式各樣的味道。不過狗狗在這 5 種味道裡最喜歡鮮味和甜味，也因此不難理解牠最喜歡富含鮮味的肉／魚類，同時也在和人共同生活的過程中，逐漸愛上水果和蔬菜的甜味。順帶一提，完全偏肉食性的貓，大多對甜味不感興趣。

和「飲食」相關的生理構造

[舌頭]

味覺

狗狗的味蕾數量約有2,000個、人類約有10,000個，貓則約有500個。味蕾數量越多越能感受到豐富的味道，所以狗狗味覺的感受程度大約是人的1/5，一般討厭苦味，且幾乎感覺不到鹹味。

[嘴巴]

咀嚼

前面提到過，狗狗的牙齒形狀幾乎不具有磨碎的功能，下巴也無法做出磨碎的動作，只能把食物撕咬成方便吞食的大小。可以說，狗狗在進食的時候幾乎都是用吞的。

[鼻子]

嗅覺

大家都知道狗狗的嗅覺非常靈敏，雖然也會按照氣味種類而有所不同，不過最多可以比人類靈敏1億倍！除了能辨識出單獨的氣味外，也能感受到味道中的組合成分。

[心情]

嗜好

貪吃的狗狗會挑嘴，大多是因為牠覺得「會有更好吃的東西」。如果知道食物只有這個，只要一肚子餓牠就會吃了。所以千萬別因為牠不吃就餵零食，反而會有反效果。

[內臟]

消化

食物的消化、吸收主要在小腸進行，越偏向肉食性的動物小腸會越短，狗狗約4m、貓咪約1.7m，人類則約6～7m。根據小腸的長度不同可以得知，狗狗比貓咪更偏向雜食性，又比人更偏向肉食性。也因此，雖然貓咪幾乎不需要碳水化合物，但狗狗卻需要。

什麼樣的飲食會讓狗狗開心？

狗狗每天的生活中都有許多開心的事，

像是外出散步、和飼主一起玩遊戲、被撫摸按摩……，

其中最令牠開心的，就是「吃東西」了！

為牠準備手作鮮食，

希望能讓牠也能夠充分享受吃東西的快樂！

氣味比味道更重要

讓狗狗覺得「這個好像很好吃、我要吃這個」的關鍵就在於「聞起來的氣味」。不知道大家幫狗狗換新飼料時，是不是會看到牠不斷嗅來嗅去，一確認氣味後立刻轉頭不吃呢？這是因為牠確認氣味後，判斷這是自己不愛的食物。狗狗喜歡「脂肪味」、感覺有很多肉的氣味，此外濕熱食物的香氣比乾冷食物還要濃郁、強烈，所以也更受狗狗的青睞。

大多不太挑嘴

判斷氣味合格之後，接下來吃進嘴裡就會確認形狀和大小，並在嘴巴裡感受口感和味道。如果在這個階段覺得不喜歡，有的會吐出來，有的則是只吃一點點就不吃了。大多數的狗狗幾乎都會在放飯時一下子吃完，所以這個部分飼主非常容易分辨。

當然還是有少數對飲食很挑剔、很講究的毛小孩，但只要選擇手作鮮食，就可以利用不同的食材和調理方法輕鬆做出牠們喜歡的狗料理。話雖如此也別太擔心，基本上狗狗們都是貪吃鬼，挑嘴的例子並不多。

讓狗狗能開心吃飽的重點

① 氣味

狗狗判斷吃或不吃的基準是氣味，市售狗糧的氣味強烈，也是想讓狗狗開心地吃下去。狗狗雖然喜歡脂肪味等比較濃郁的氣味，卻討厭聞起來太過刺激。如果發覺狗狗好像食欲不振，可以加芝麻、海苔粉、或幾滴的植物油，幫助促進食欲。

② 形狀、大小

只要不是太難吃的東西，一般來說不會有問題，不過每隻狗狗也可能會有自己的講究和堅持。通常肉／魚類要按狗狗的鼻子長度和嘴巴形狀，切成方便入口的一口大小；比較不好食用蔬菜就切成碎末，也更容易消化。

③ 口感

不同的狗狗對口感的要求也不同，但普遍討厭鬆鬆軟軟、黏糊糊的東西。有時候，狗狗們會被沒吃過的口感嚇到而拒吃，不過只要吃習慣就會願意吃了。另外，如果和湯一起煮，可以讓食物更容易入口。

④ 味道

狗狗一般喜歡鮮味、甜味，不喜歡酸味、討厭苦味，因為牠們會覺得酸味表示腐敗、苦味表示有毒。即使符合了②形狀、大小的口感要求，萬一狗狗還是吐掉或吃不完，就可能是表示牠相當討厭，這時請不要勉強餵食。

手作健康鮮食的優點

有很多人，
都想試著為愛犬做美味的料理。
如果你也對此感到心動，請務必嘗試看看，
你的狗狗將會擁有許多開心又健康的時光。

手作鮮食是幸福的狗料理

　　手作健康鮮食，顧名思義就是飼主親手自製的健康膳食。這意思並不是指沒有親手自製的狗食就不健康，之所以向大家推薦手作鮮食，是因為由自己為愛犬量身設計的狗料理，不僅能讓狗狗吃得開心、更能吃得健康！這對飼主而言，沒有比這更令人開心的了。對狗狗來說，比起一成不變的飼料，每天能吃到豐富多變的食物也會有更多樂趣。能讓飼主和狗狗一起變幸福的魔法狗料理，就是自製的手作健康鮮食餐。

能補充水分、促進循環！

　　因為是使用新鮮食材做出來的營養膳食，對身體當然會有一定的益處。即使是很挑食的毛小孩，相信也難以抗拒能享受到豐富食材滋味的手作鮮食。只吃乾飼料容易出現水分不足的問題，但手作鮮食中含有許多的水分，所以能順帶調整好胃腸功能，同時促進身體循環。也有飼主分享狗狗淚痕改善、毛色變亮，甚至還有性格上變得穩重，或許是因為身體的不適獲得改善了吧！各位家裡的可愛狗狗又會出現什麼樣子的變化呢？真令人期待！

手作鮮食的好處

Good!

◎ 變得漂亮、健康

◎ 可以選擇安心又新鮮的食材

◎ 沒有人工添加物

◎ 可靈活運用食材的功效

◎ 可配合身體狀況和喜好

◎ 能補給水分

◎ 增加吃東西的樂趣

小小的擔心

●不像市售的寵物食品能保存很久　●要花費時間去嘗試　●不確定營養夠不夠均衡
●不知道餵食的量　●會不會開始拒吃市售的寵物食品？

這些擔心，將會在接下來的內容中逐步為你解惑。

應該攝取的食材和營養素

一般人可能會認為狗的祖先是狼，只需要吃肉就好。

不過實際上，狼也是雜食性，

而狗狗和人相處更久，因此雜食性佔的比例更高。

所以除了肉之外，更需要攝取其他營養素。

狗狗需要什麼樣的飲食呢？

　　營養素和能量是維持生命的必需品。當狗狗進食後，身體會從食物中攝取必要的營養素，經過消化再轉變成能量，而不必要的東西則會形成排泄物排出體外。藉由適當的飲食，可以獲得生存時必須的優質營養素和足夠的能量，也因此均衡飲食對狗狗們來說非常必要。以下就來幫大家解惑：到底適合狗狗的均衡飲食是指什麼呢？

維持生命的 3 大必要營養素

　　蛋白質、脂質、碳水化合物這 3 大營養素，是食物中可以成為能量來源的重要物質，此外能幫助調節身體的維他命和礦物質也相當重要。不過，並不是一提到蛋白質就單純指肉、碳水化合物就單純指飯，無論是肉類或米飯，其中都含有蛋白質、脂質、維他命和礦物質。在幫狗狗親手做健康鮮食的時候，其實很難一一計算各種食物中所含的營養素，因此只需要按照右頁所示，以「肉／魚類 1：蔬菜類 1：穀類 1」的比例調配，就能為狗狗準備營養均衡的飲食。

健康餐黃金比例「肉／魚類：蔬菜類：穀類＝1：1：1」

肉／魚類
狗狗的最愛，也是手作鮮食的主要食材，對於打造健康體態不可或缺。

蔬菜類
蔬菜、蕈菇、海藻等，含有豐富的維他命和礦物質，扮演調節身體狀態的重要角色。

穀類
是能量來源的主要食材，含有均衡、豐富的優質營養素。

5 大必需營養素

蛋白質	肉類、魚、蛋或乳製品中含有動物性蛋白質，穀類或豆類則含有植物性蛋白質。蛋白質是身體必需的營養素，吸收前會先被分解成胺基酸。
脂質	分為動物性和植物性兩種，除了是能量來源外，對於維持體溫調節、維他命輸送、荷爾蒙合成等生理機能相當重要。人類常補充的 EPA 和 DHA，也是狗狗必需的脂肪酸。
碳水化合物	蘊含在米飯、麵食、薯類之中，由醣類和膳食纖維構成。醣類在身體裡會被分解而成為能量，膳食纖維無法被消化，卻能幫助調整腸道健康。
維他命	蘊含在所有食物中，主要功能為調節生理機能。雖然不是能量來源，卻是身體必需的營養素。人無法自行合成維他命 C，狗狗卻可以，只是維他命 D 的合成量會較為不足。
礦物質	有鈣、磷、鎂、鈉、鉀等礦物質，和維他命一樣並非能量來源，但卻是形成骨骼和牙齒、保持皮膚健康、輸送氧氣等維持身體機能的重要營養素。

從做得到的部分開始嘗試吧

興致勃勃卻遲遲無法開始的狗爸爸、狗媽媽們，
是不是會覺得：「這好花時間喔！」、「會不會很麻煩？」
請放心，在本書中將會傳授你
非常簡單、輕鬆就能開始的方法。

如果讓手作變成負擔就本末倒置了

手作鮮食的最大目的是為了讓狗狗和自己變得幸福，並不是要你在疲憊的深夜，還唉聲歎氣：「唉，今天又必須幫牠做飯了。」其實讓狗狗吃乾飼料，牠也不會失望，手作鮮食既不是義務也不是工作，所以開始時請務必保持輕鬆的心情。無法做鮮食的時候餵飼料也無妨，也可以一次多做一點鮮食放冷凍保存。想輕鬆無負擔地開始時，推薦可以先從 1 湯匙的補充品、湯泡飯、或搭配飼料的配菜開始入門，在後面會有更詳細的介紹。

簡單的考量是祕訣

另外，在開始手作鮮食之前，很多人都會擔心營養的均衡。如果你也有類似的心情，第 27 頁的食物均衡表能幫你解決這些問題。不需要一一計算營養素或卡路里，只要調理分量大致相同的肉／魚類、蔬菜類、穀類即可。如果沒時間的話，甚至在飼料裡淋湯拌一拌也沒問題，只需要注意避免持續餵食單一的食材即可。即使掌握了肉／魚類、蔬菜和穀類的比例均衡，但要是 365 天都吃雞肉、高麗菜和烏龍麵，營養還是會失衡。無論是狗狗或人類，這方面所考量的情形都是一樣的。

入門就從 1 湯匙開始

1 湯匙

把 1 湯匙的自製營養補充品放在飼料上來餵食即可，比突然開始做鮮食全餐更輕鬆簡便。即使只有 1 湯匙，也能確認到狗狗的吃相或身體變化等反應。

淋湯

把使用雞肉、小魚乾或柴魚做成的高湯淋在飼料上來餵食，好聞的香氣可以促進食欲，也能補給水分。可以先將高湯做多一點儲藏起來備用，高湯也能應用在湯泡飯以外的其他手作鮮食中，非常方便。

小分量的配菜或分享餐

把人的膳食所用的食材分一點點出來，或是把冰箱裡的常備食材理後不另外調味，就能放在飼料上當配菜。這時只要把飼料扣除配菜的量即可（參照 p.51），一樣是飼料卻能立刻變身為美食。

自製零食點心

想用點心當成獎賞、跟狗狗互動、或是生日禮物，也可以自己親手做。當然點心不建議食用過量，不過如果是自製，就能用新鮮食材做出無添加物且對身體好的零食點心。

讓手作健康鮮食餐的樂趣加倍

對狗狗也有效？藥膳狗食

配合體質、身體狀況準備有食療功效的膳食

**根據中醫觀點所製成的藥膳，
也能運用在狗狗的手作健康鮮食餐之中。**

◎**生活中隨手可得的食材也有功效！**

在中醫理論中，會依照不同體質、身體狀況來治療疾病，或透過飲食、中藥等調整身體，防範疾病於未然。以這個概念為基礎的飲食療法又稱為「藥膳」，乍聽之下你可能會覺得困難、不容易實行，但其實基本概念非常簡單，而且不只是針對人，也可以應用到狗狗的料理中。

藥膳的基本概念，就是讓食物在身體中發揮效果、調整身體狀況，我們最常聽到的就是「溫補食材」、「寒涼食材」，當然還有其他性質的食材。在飲食方面，應該要配合季節、體質、當時的身體狀況來攝取，並且不過度偏重熱或冷任何一方，因此選擇當季食材和料理方法也變得相當重要。這些觀點，也都納入了本書的食譜中。

中醫概念中的體質辨別法、食材功效，有五臟、五行、五味等分類，先別覺得深奧，只要記住適合應用在生活中的常識，考量對愛犬的身體狀況，就能讓狗狗吃得更健康，接受度也更高。

中醫的特徵之一是「未病先防」，也就是所謂的「預防醫學」，換句話說就是在生病之前，藉由飲食與其他方式打造出不容易生病的身體，這正是我們想實踐手作鮮食的初衷。為了狗狗著想而製作的手作健康鮮食餐和藥膳，遵循的原則基本上是一樣的。無論使用哪種方法，都需要密切觀察愛犬的身體狀況，也因此能大幅加深飼主和狗狗之間的關係，這也是一項令人開心的收穫。

將藥膳的嘗試納入平常飲食中，不只是外在環境，同時也一併照護體內健康，就能有效提升免疫力和自癒力，讓狗狗能由內而外變得神采奕奕又有活力！

2

手作鮮食食譜──入門篇

狗狗也可以吃的常見食材

本書中手作健康鮮食餐使用的，
都是生活中常吃且隨手都能取得的食材。
其中挑出狗狗愛吃、食譜中常出現的食材，
為大家詳細解說。

選用人犬可以共享的食材，降低入門難度

以相同比例運用肉／魚類、蔬菜類、穀類來做的狗狗健康鮮食中，並沒有使用特殊、難以找到的食材。由於都是選用人和狗狗可以共享的食物，不需另外準備，只要運用家裡冰箱中的食材也能製作。例如：「今天的晚餐是豬肉湯，所以分一些材料做給狗狗吃。」像這樣配合人的菜單來決定狗狗的膳食，就可以輕鬆又簡便地完成。基本上以肉／魚類和穀類各 1 種、蔬菜 2～3 種（更多也 OK）來組合即可，另外，需要多花心思的則是每天避免使用相同食材。

食材可以自由組合

沒有不能組合在一起的食材，只要你覺得：「這兩種很搭、很好吃」即可。另外，如果想確實發揮食材功效，就需要配合狗狗的身體狀況和季節（參照 80 頁）。像發芽的馬鈴薯等人不能吃的東西當然要避免，也有人能吃但狗狗不能吃的 NG 食材（參照 39 頁），此外會成為過敏原的食材也要避免。

肉、魚類 1

狗狗最愛的肉／魚類富含蛋白質，有助於打造健康的身體。此外，肉類當中的維他命很豐富，也能均衡攝取到脂質和礦物質，所以每道鮮食都會以一種肉／魚類作為主要食材。蛋或乳製品也屬於此類。

雞肉

脂肪少又容易消化吸收，可製造優質的肌肉。如果覺得狗狗有點胖，推薦用脂肪少的雞胸肉或雞里肌肉，對食量小的狗狗則推薦用雞腿肉，兩者的營養價值相當。製作時去掉皮和脂肪後可以預防卡路里過高。

豬肉

含有豐富的維他命 B_1，有消除疲勞的效果，因此適合在夏天倦怠或大量運動後補充。另外也因為有安定精神的作用，壓力大時也很推薦。建議選擇脂肪少的部位，或是切除過多的脂肪，而且一定要煮熟後再食用。

羊肉

常作為市售寵物食品的原料。因為脂質少，並含有可讓脂肪燃燒的胺基酸——肌肽，所以特別適合減重。在肉類中屬於容易消化的種類。

雞肝

營養價值高，建議可以每週餵 1 次。請去除脂肪及血塊後再使用。

蛋

除了維他命 C 和膳食纖維之外，幾乎蘊含所有營養素的雞蛋，也被稱為完全營養食品。因為含有均衡的必需胺基酸，適合強健體魄。另外，必須注意的是生蛋白有可能會引起皮膚炎，所以務必煮熟後再餵食。

狗狗也可以吃的
肉／魚類 2

選擇市售的切片魚肉，或是沒有調味的魚罐頭，使用起來非常方便。但要特別注意的是，食材要切成一口大小，會讓狗狗受傷的刺也要先剔除乾淨。下列的魚含有狗狗需要的必需脂肪酸（體內無法自行合成，需要從飲食中攝取的營養素）、Omega-3 的 DHA、EPA。

青背魚

鰤魚、沙丁魚、或竹筴魚等青背魚，富含 DHA、EPA。DHA 可活化腦部，EPA 則具有讓血液變乾淨清澈的作用。如果是選用整條魚來料理，要先去掉內臟和較硬的刺。

鮭魚

富含蝦紅素，研究指出蝦紅素是優良的抗氧化物質，具有抗癌作用。鮭魚有溫補身體的作用、容易消化，所以很適合胃不好的狗狗。切記要選生鮭魚，不要選擇有鹽分的鹽漬鮭魚。

鱈魚

脂肪少又健康，不管是什麼類型的毛小孩都適合。因為含有優質礦物質、營養均衡，所以適合每天餵食。切記要選生鱈魚，不要選擇有鹽分的鹽漬鱈魚。

鮪魚罐頭

原料不管是鮪魚或鰹魚，都同樣含有很多優質蛋白質，適合正值成長期的狗狗。維他命 B_{12} 有消除疲勞及預防貧血的功效。注意要選擇無鹽分的水煮罐頭，不要選擇有調味或油漬的產品。

小魚乾

含有豐富的鈣質，可以促進骨骼和牙齒的健康，也有讓精神安定的功效。除了用來做高湯之外，也可以切碎，並少量放在飼料上來增添風味。選擇用小魚乾粉也非常簡單、方便。

優格

乳酸菌可幫助調整腸內環境，注意要選擇無糖的產品。

柴魚

可以用來煮高湯或放一點在飼料上。柴魚脂肪含量很少，並富含優質蛋白質、礦物質。

狗狗也可以吃的
蔬菜類

蔬菜類含有豐富的抗氧化物質，建議每一道菜可以從葉菜類、根莖類、黃綠色蔬菜、蕈菇和海藻中選擇 2 種以上一起使用。此外，蔬菜有很多膳食纖維，相當適合用來調整腸道環境，許多蔬菜也都具有抗癌功效。

蘿蔔

含有多種消化酵素，可促進消化、改善胃腸功能，連葉子也有豐富的營養。生蘿蔔可以選擇切成棒狀直接餵食，或是加熱、磨泥使用。另外，乾蘿蔔絲也是不錯的選擇。

紅蘿蔔

在蔬菜界中含有最多的 β-紅蘿蔔素，也被公認具有提高免疫力的功效，是每天都可以攝取的蔬菜之一。此外，紅蘿蔔也有豐富的膳食纖維、鐵和鉀，有溫補的效果。

蕪菁（結頭菜）

從球狀的根部、莖到葉子，營養都相當豐富。食用根部可以調整胃腸、促進內臟功能。盛產期時，可以每天攝取。

山藥

想讓狗狗有活力時，建議可以餵食山藥，其中黏稠的黏液蛋白素，對胃部有保護作用。可以直接生切餵食，或切成小塊加熱，磨成泥後使用，也可以加入大阪燒或雞肉丸子中增加黏性。

南瓜

味道清甜，很受狗狗喜歡，也推薦給食欲不振的毛小孩。南瓜裡有豐富的抗氧化物質 β-紅蘿蔔素、維他命 C，可預防癌症及慢性病。因為南瓜皮偏硬，務必去皮後餵食，或加熱至變軟。

牛蒡

約有一半都是膳食纖維，可幫助清理腸道，並改善便秘問題。不過由於生牛蒡過澀，建議可先水煮一次後再料理，煮的時候需仔細撈掉泡沫。為了避免狗狗消化不良，餵食時要切得細碎一點。

小松菜

鈣質、β-紅蘿蔔素，以及維他命 C 的含量都很多，具有提高免疫力的效果。加上含有解毒作用的酵素，因此也有預防慢性病及癌症的效果。可直接使用無需水煮去澀。

小黃瓜

具代表性的夏季蔬菜，含有豐富的鉀，具有清熱、利尿、消除水腫的作用。因為小黃瓜 90%以上都是水分，所以也適合在夏天當零食棒來餵食，幫助補給水分。

番茄

含有茄紅素、β-紅蘿蔔素、維他命 C，具有很強的抗氧化作用，可以提高免疫力並防止老化。不過因為酸味較重，有的狗狗可能會討厭。直接生食或加熱後使用皆可。

青花菜

維他命 C 含量是檸檬的 2 倍，同時擁有豐富的 β-紅蘿蔔素、及具有解毒作用的植化素等營養，可以提高免疫力、預防癌症，對眼睛健康也有助益。

菠菜

由於同時含有鐵質，及提高鐵質吸收效率的維他命 C，所以適合用來預防貧血。菠菜具有澀味，建議先水煮一次後再使用比較安心。

高麗菜

有豐富的維他命 C，可提高免疫力，也是具有修復胃黏膜作用的蔬菜之一。

青椒

β-紅蘿蔔素和維他命 C 含量豐富，有些狗狗不喜歡青椒的苦味，更喜歡具有甜味的彩椒。

秋葵

黏稠的黏液蛋白可以補充精力、提高免疫力，如果搭配同樣富含黏液的山藥或納豆，效果更好。

馬鈴薯

加熱後也能有效攝取維他命 C，可用來取代飯。

茄子

紫色的茄子富含花青素，能幫助預防動脈硬化、糖尿病等慢性病。

蕈菇類

卡路里極低、營養豐富，蕈菇中的β-葡聚醣被公認是有抗癌效果，尤其在舞菇中含量特別豐富。
若想完全攝取到蕈菇的有效精華，建議可以切碎後煮至全熟。

蒟蒻

主要成分是膳食纖維，能幫助排便順暢、有效調整腸道環境。加上低卡路里和容易有飽足感的特點，所以也適合用來減重。
為了讓蒟蒻在烹調時吸收到高湯的味道，建議切成小塊，煮到入味後再使用。

紅豆

富含維他命 B_1，用來消除疲勞非常有效，此外也有很強的利尿作用，可以幫助消水腫。將紅豆煮到軟爛之後，讓營養素溶出、連同湯汁一起餵食即可。購買已經煮熟的市售無調味紅豆也很方便。

羊栖菜

一種含有很多鈣質和礦物質的海藻，其中碘可以打造美麗毛髮、鐵質可預防貧血，膳食纖維也很豐富。
但由於較不容易消化，注意要徹底泡水還原，並且切碎後再使用。

碎納豆*

發酵食品的特點是營養素容易消化、好吸收，可以促進血液循環、調整腸道環境，對皮膚和毛髮健康也有幫助。因為加熱會破壞納豆菌，建議可以直接加在飼料上當配菜使用。另外也推薦好消化的碎納豆。

*編按：一般納豆可在一般大賣場購得，碎納豆則可到日本直營的網路商店購得。

豆腐

可攝取到優質的植物性蛋白質，比直接食用大豆更容易消化，另外也含有脂質、鈣質等營養。
如果狗狗對肉類、魚類過敏，建議可以用大豆及大豆加工食品當作蛋白質來源。

狗狗也可以吃的
穀類

每道鮮食中都需選擇一種能帶來飽足感的穀類,因為米、小麥等小小一粒種子充滿了各式各樣的營養素。除此之外,蕎麥麵、義大利麵、雜穀飯等,也是適合狗狗膳食的穀類。

白飯

白飯可以從我們每天的日常飲食中取得,讓手作鮮食餐準備起來更簡單。雖然糙米的營養價值更高,但如果想減輕持續手作鮮食的時間壓力,也可以選擇白飯。

烏龍麵

在穀類的部分選用麵類的話,能讓料理樣式更豐富。此外,把烏龍麵切成短短的,更方便消化。

糙米飯

營養價值非常高,如果狗狗身體不好,或有生病的情況,務必選用糙米飯。但也因為較難消化,必須煮到軟爛、或燉久一點再餵食。

其他的食材

除了下列介紹的芝麻粉、海苔粉外,像蜂蜜和薑粉等也可增添風味,提高狗狗對手作鮮食的興趣。雖然不能大量使用,不過每種食材都各有功效、營養豐富。

芝麻粉

香噴噴的味道可增進食欲,也有豐富芝麻素等抗氧化物質,營養價值極高。整粒的芝麻狗狗無法消化,請磨成芝麻粉後再使用。

海苔粉

膳食纖維和鈣質都很豐富,味道很香,可促進食欲。

狗狗絕對不能吃的
NG 食材

一般來說，狗狗很少挑嘴、各種食物都能吃，但有些食材雖然人能吃，卻對狗狗的健康有害。下面列出可能引起中毒、腹瀉、嘔吐等症狀、甚至危及生命的食材。雖然不是一定會造成傷害，不過建議儘量避免可能造成危險的食材。至於火腿、香腸等過鹹的食物或過甜的甜點都對健康不好，即使狗狗很喜歡也不建議餵食。

蔥類

青蔥、韭菜、大蒜、洋蔥等，含有破壞紅血球的成分，食用後會引起貧血症狀，甚至導致死亡。即使加熱後也有同樣問題，因此要特別注意。

巧克力

可可豆中含的可可鹼具有毒性，會引起嘔吐、痙攣等中毒症狀，或造成休克、心臟衰竭，甚至導致死亡。因此可可粉也一樣被列為 NG 食材。

葡萄乾

可能會破壞腎臟機能，持續腹瀉或嘔吐導致脫水、多喝多尿，或造成急性腎衰竭。新鮮葡萄雖然不像葡萄乾那麼嚴重，但也是狗狗不可食用的食物之一。

辛香料

胡椒、辣椒、咖哩粉等刺激性強的辛香料，雖然不具有毒性，但過於刺激而可能引起腹瀉情形，因此不適合。

酒精

狗狗體內無法分解酒精，食用後可能會引起腹瀉、嘔吐、意識模糊的情形。即使少量也可能導致死亡，請務必注意不能讓狗狗誤飲。

咖啡因

和酒精一樣無法分解，可能會導致狗狗有心律不整的情形。建議含有咖啡因的咖啡、紅茶、綠茶等都不要餵食比較安全。

木糖醇

口香糖、牙膏、甜點中含有的甜味劑，當狗狗吃到時會分泌過多胰島素，可能會讓狗狗血糖過低而引起嘔吐、腹瀉、意識模糊、無力、昏睡等症狀。

甲殼類

章魚、花枝、蝦子、螃蟹等雖然含有豐富的營養成分，亦不會產生中毒症狀，但因為不容易消化，可能造成胃腸負擔或出現腹瀉情形。

加熱過的骨頭或刺

加熱過的硬骨頭或魚刺，容易在進食過程中引發意外，可能會刺傷喉嚨、內臟或讓牙齒裂開、缺角，最好小心注意並且避開。

手作健康鮮食的要點

自製健康鮮食的好處多多，

不過在開始之前，不只為了狗狗也為了飼主，

傳授一點小小的心得：

「不勉強，才是可以長久持續的祕訣！」

手作健康鮮食餐是「主食」

你是否看過市售的寵物食品標籤上寫著「綜合營養狗糧」呢？這表示狗狗只要吃這項食品和新鮮的水，就能均衡攝取到必要的營養，是狗狗的「主食」，其他還有零食點心等種類。鮮食餐的進食頻率也是一天 1～2 次的主食，除了自製主食外，書中也介紹了自製的零食點心和營養補充品，各位飼主可以依照需求調整餵法。此外，你可能會擔心自己做的鮮食是否能攝取到和寵物食品一樣的營養，只要參考第 27 頁的比例、輪流替換食材的話，就不會有問題。

不需要吃市售的寵物食品嗎？

自製的手作鮮食好處很多，請大家務必試看看，但如果選擇每天餵鮮食、完全中斷市售狗糧的話，也會有一些小缺點。像是飼主生病、有突發狀況無法做飯，或是臨時有事要把狗狗託人照顧時，如果還要求對方準備鮮食，對方可能會拒絕。為了以防萬一，重點是讓狗狗同時喜歡手作鮮食和市售的寵物食品，兩種都愛吃。

飼主要記住的 4 件事

① 首先考量主食

本書介紹的食譜，除了 p.62～65 的零食點心以外，全部都可以當成主食來餵食。頻率依照原本的步調，一天可餵食 1～2 次即可。湯泡飯及小分量的配菜食譜，需要搭配市售飼料當成一餐。

② 不用每天吃鮮食也無妨

開始餵食手作鮮食之後，有某幾天無法做鮮食也沒關係。不管是每週休息一次，或是太累時休息都可以，只要做到能力所及的範圍即可。嘗試後的成品和書中照片不一樣也無妨，請務必保持輕鬆的心情。

③ 要使用各式各樣的食材

在肉／魚類、蔬菜類、穀類之中，特別是蔬菜類建議選用好幾種不同的食材。如果狀況不允許只能使用一種的話，隔天就需要換別的蔬菜。相同的食材不重複，這樣持續餵鮮食，才能真正均衡地攝取到理想的營養組合。

④ 同時讓狗狗吃市售的飼料

有時候狗狗可能會因為太享受手作鮮食的豐富滋味，變得不想吃市售的飼料。但為了預防有臨時狀況無法幫牠料理，讓狗狗同時能接受飼料其實非常重要。什麼都可以接受，對狗狗來說才是最好的。

一天所需的膳食分量

開始自製鮮食的時候，

大家都會考量要給多少分量才夠。

請各位放心，只要以本書食譜為基礎，

依據愛犬體重增加或減少分量來調整即可。

需要計算卡路里嗎？

適合狗狗的飲食量，是由牠所消耗的卡路里決定。如果攝取的卡路里太多就會變胖，不足就會變瘦或變得沒精神。雖然概念是這樣，但我們吃飯時也很少有人會無緣無故地每次都算完卡路里再吃飯，只會大概用感覺調整。例如：吃了很多油炸食物就會覺得今天都還沒吃到蔬菜，然後調節飲食，狗狗也適合這樣的考量方法。以 2 週為週期檢視，變胖就減少分量，變瘦就增加分量，如此調整即可（參照第 82 頁）。

膳食分量的考量方法

市售的寵物食品都會標示適合不同體重的「一天的餵食量」，但手作鮮食並沒有。本書食譜都是以 5kg 成犬的 1 天分量為基準，各位可以參考右頁表格增減。表中提供的是基準量，實際上還是會依體質或運動量的不同而有各別差異，所以重要在於「觀察」。「牠覺得吃飽了嗎？」、「是不是餓著肚子所以沒有精神呢？」因此需要每天確認體重和體型（參照第 74 頁）。不過也要注意，因為狗狗常常會多吃而儲存在肚子裡，不斷滿足牠就容易過量而變胖。

配合體重來調整分量

參考下列表格
來增減食譜

下列表格中的「1」，是將本書食譜當成 1 份的基準，推算出不同體重的膳食分量。請依照愛犬體重，以「食譜分量下列表格倍數」來製作，別忘了要維持 p.26 的「1：1：1」比例。

食譜設計都是
5kg 成犬的 1 日分量

本書食譜都是 5kg 健康成犬的 1 日分量。如果用餐頻率是一天 2 次，那麼每次餵一半的量即可。

觀察體型來決定
分量及次數

膳食改變的話，身體也會改變。請持續觀察狗狗的體重和體型變化，變胖了就減量、瘦了就增加。請見 p.82。

不同體重的膳食分量

體重（kg）	1.5	2.5	5	10	15	20
倍數	0.4	0.6	1	1.7	2.3	2.8

計算方法：體重 10 公斤的狗狗，從卡路里算出來的膳食需求量是 5kg 狗狗的 1.7 倍，所以請以食譜整體量的 1.7～2 倍來製作。增減材料時，不需要嚴格計算到精密的公克數也無妨。

料理的基本

本書的手作鮮食作法非常簡單，
並選擇用適合肉／魚類、蔬菜和穀類方式烹調。
以下介紹料理中最基本的方式，
讓狗狗更好入口，飼主更好料理。

目標是讓狗狗更好入口

狗狗和人類食物料理上最大的不同，就是食材的切法和調味。例如肉要切成「一口大小」，如果是人就可以想像大概是3～5cm 的方塊，而狗狗的一口大小則要切成更小的尺寸。雖然本書中也有照片說明的範例，但還是需要家中狗狗的嘴巴太小，切成牠容易入口的尺寸。另外，蔬菜切成碎末是為了幫助消化，因為狗的腸子比人更短，因此食物停留的時間也很短，所以切成碎末有助於分解。有時為了保留口感，也會選擇將蔬菜切成一口大小。

分量要怎麼計算？

在本書食譜中，肉和蔬菜的分量都以「g」來標示。不需要精準到重量完全相同，肉多一點或蔬菜多一點也沒關係。肉／魚類、蔬菜類、穀類，只要外觀看起來分量差不多即可（參照第77 頁）。不過，如果在剛開始自製鮮食感覺不安的話，還是可以仔細秤量。第46～47 頁也附有重量基準的照片。

便利的測量工具

磨泥器

計量匙

鍋子

磨缽

計量秤

不需要另外準備狗狗專用的料理工具。如果一剛開始不放心分量的計算，備有計量秤就可以了。整組計量匙中，有可以測量少量的小計量匙，用起來也很方便。

分量的基準──肉類

雞肉 100g

絞肉 100g

本書食譜中所使用的肉類，是以一天份 100g 為基本。100g 的肉，分量大約如上圖所示，先有印象的話，料理起來更方便。雞腿肉 1 片大約 300g，只要分成 3 等分，並將剩下的冷凍保存即可。

分量的基準——蔬菜類

小松菜 20g

舞菇 20g

南瓜 20g

紅蘿蔔 20g

鴻喜菇 20g

地瓜 20g

蔬菜依種類的不同，使用的分量也不同。20g 的分量大約如上圖所示，分量稍有差距也沒有關係。只要蔬菜量搭配肉／魚類、穀類分量大致相同即可，用目測的方法也可以。

食材的切法

切成碎末

磨泥

一口大小

一口大小需要配合愛犬的嘴巴尺寸，如果是大型犬，切成更大也可以。為了幫助消化，蔬菜要切成粗一點的碎末。有時也可用少量的生蔬菜（蘿蔔等）磨泥就能增添風味。

料理重點

point 01　不要調味

只要嚐到食材的味道和氣味，狗狗就會覺得很好吃。如果加了和人一樣的調味，對狗狗來說鹽分或糖分會太多。另外，使用油的時候也要少量。

point 02　先做好備用也 OK

雖然做起來簡單，如果想更節省時間，建議可以先做起來備用。把 1 餐或 1 天份分裝成一小份，放冷凍保存，等要吃再解凍即可，保存期限約 1 個月。家裡若有小尺寸的密封保存袋或保存容器就會很方便。

point 03　肥肉、雞皮要去掉

肥肉和雞皮雖然不一定對身體不好，但因為會從中攝取到太多的脂質，容易造成發胖，所以建議儘量去除肥肉、雞皮。稍微殘留一點點在肉上面沒有關係。

point 04　蔬菜要徹底洗乾淨

蔬菜的皮不一定要削，但如果不削皮就直接使用的蔬菜或葉菜類，一定要徹底把髒汙和農藥洗乾淨。洋蔥皮、芋頭皮、馬鈴薯芽等等，人不能吃的東西當然也要去掉。

point 05　徹底地加熱

雖然有些人倡導生食，不過生食級的新鮮肉／魚很難買到，所以原則上還是和人的飲食一樣，需要好好煮熟。本書食譜中沒有收錄，不過若想要餵狗狗吃生食也可以，只是必須選擇「生食級」的食材。

point 06　把泡泡撈掉

用水煮肉或蔬菜時浮在水面的「泡泡」，含有蔬菜的澀味、肉／魚類的腥味和多餘的油脂，所以料理時請撈掉，可以讓鮮食餐更美味、同時降低卡路里。菠菜在餵食前也請汆燙後泡水，可以去除澀味。

餵食重點

手作鮮食比想像中更簡單，
如果你也想在家開始嘗試，
請在餵食狗狗之前，
先確認幾個重點吧！

狗狗也喜歡溫熱的飯？

我們並不清楚狗狗會不會覺得「冷飯比較不好吃」，但因為熱飯的熱氣會讓氣味比較明顯，所以一般狗狗會更喜歡溫熱的飯，但人吃的飯的熱度並不適合狗狗。把冷凍保存的鮮食用微波解凍時，一定要注意避免過熱。

另外和乾飼料不同的是，手作鮮食放在常溫下就會腐壞。所以如果稍微等一下，確定狗狗吃剩不吃了，就要收起來。

如果狗狗不肯吃的話怎麼辦？

通常狗狗都是貪吃鬼，幾乎不需要擔心牠不吃。只是長期吃乾飼料的狗狗，剛開始看到手作鮮食會覺得有異樣感，可能不會馬上就願意嘗試。不過只要等牠肚子餓就會吃了，所以請再觀察一下吧。有的毛小孩會討厭特定食材、或是對形狀很講究，因此之後可以配合牠的喜好逐漸調整、改良。另外，撒上香氣濃郁的芝麻粉或柴魚粉，幫助刺激食欲，這也是一種方法。有些狗狗會對口感不滿意、或是因為大小不容易入口而不吃，請不要立刻放棄，先從少量開始嘗試看看吧！

在說「開動」之前

以人的肌膚溫度為準

剛做好的狗飯，請放涼到大約和人肌膚的溫度差不多後再餵食。如果是從冰箱拿出來的話，也需要稍微加熱到與人體體溫接近的溫度後再說「開動」。

當配菜時，飼料要減量

如果是在市售的飼料上放手作鮮食的話，為了讓飼料和鮮食加起來的分量適量，飼料要比平常少一點。根據本書的食譜，飼料調整為原本量的 75% 才適當。

吃剩的要儘快收起來

和人吃的飯相同，尤其夏季如果一直放在常溫下就容易腐壞。沒有吃完的話，不要一直放著等牠吃掉，要儘快收起來。如果剩很多，可以換容器、放冰箱保存。等下一頓飯再拿出來餵食也可以。

試著改變食材或切法

雖然當下不知道狗狗不吃是因為有牠討厭的東西、還是不容易入口，不過試著改變材料、切法、溫度等條件，就可以找到最適合的方式！不需要勉強狗狗吃牠討厭的食材，用其他食物補足營養即可。

用氣味來引誘

只要聞到好聞的氣味，一般狗狗都願意吃。就算是本來不吃的食材，有時只要撒上香氣很強的起司、柴魚粉、小魚乾粉、海苔粉等，就肯吃了。料理時也建議可以使用少量的植物油（橄欖油、芝麻油等）。

一湯匙的營養補充品

最簡單的手作鮮食，

就是在一湯匙裡裝了滿滿的愛和營養

＊請放冰箱冷藏保存，並在 4 天內使用完畢。

芝麻蜂蜜

對消除疲勞、抗老化有幫助。

芝麻和蜂蜜有滋潤作用，讓狗狗變得活力、有光澤！

材料（容易做的分量）

● 芝麻粉…2 小匙

● 蜂蜜…1 大匙

作法

1　將芝麻粉和蜂蜜均勻混合。一次淋 1/2 小匙的分量在飼料上，或用湯匙直接餵食。

—— **Point** ——

芝麻無論黑白都可以。從中醫觀點來看，白芝麻可解決皮膚乾燥及通便，黑芝麻則有很強的毛髮潤澤效果。

熱呼呼蘿蔔葛粉糊

使用了可保護腸的黏膜、溫暖胃的葛粉製作的補充品

也適合胃不好的孩子，輕斷食時也能使用

材料（容易做的分量）

● 葛粉…1 大匙　　● 薑粉…少許

● 蘿蔔（磨成泥）…1 大匙　　● 水…100c.c.

作法

1　把葛粉、薑粉、水放入鍋子裡，攪拌均勻，讓葛粉溶化。

2　鍋子開小火，熬煮。

3　熬成黏稠狀、出現透明感後，從鍋中取出，加上蘿蔔泥。放冷到容易入口的溫度後，把 1 小匙放在飼料上，或是用湯匙來餵食。

芝麻蜂蜜

羊栖菜油脂
補充品

熱呼呼蘿蔔葛粉糊

羊栖菜油脂補充品

營養豐富的植物油，加上海藻礦物質的完美組合

材料（容易做的分量）

● 羊栖菜（泡水還原）…2 小匙　● 橄欖油…1 大匙

作法

1　羊栖菜切碎和橄欖油均勻混合。把 1 小匙放在飼料上面，或是
　　用湯匙等來餵食。

水分、營養補給湯

用來淋在飼料上、烹煮食材，
或是倒進飼料直接餵食都能讓牠開心

＊冷藏保存可放 7 天，冷凍保存要在 2～3 週以內使用完畢。
請加熱到與人體體溫接近後再餵食。

雞湯

能攝取到雞肉的優質蛋白質和蔬菜的維他命，
擁有滿滿鮮味的高湯，很受狗狗歡迎！

材料（容易做的分量）
- 雞骨架…1 副　　● 水…1000c.c.
- 切碎的蔬菜（紅蘿蔔、白蘿蔔、西洋芹等）…適量

作法
1　雞骨架用水稍微沖洗一下，把血漬等髒東西洗乾淨。
2　把全部材料放進鍋裡，開大火。等水滾後，一邊撈掉泡沫，
　　一邊用小火煮 20～30 分鐘。
3　在篩子上放棉布後過濾。

| 替代食材 | 雞骨架 ➡ 雞翅膀、雞胸肉、雞腿肉 |

（皮或多餘的脂肪要去掉）

小魚乾粉湯

小魚乾粉湯的 DHA、EPA、維他命、
和鈣質為主的礦物質都相當豐富，
作法也很簡單。

材料（容易做的分量）

● 小魚乾粉…2 小匙　● 水…500c.c.

作法

1　把小魚乾粉和水放入保特瓶或保存容器中，先在冰箱放置一個晚上。
2　把要使用的分量倒進鍋中，熬煮 4～5 分鐘。

柴魚湯

只要熬煮過即完成的簡單高湯。
也可以把人的膳食中用到的柴魚片
分享給狗狗。

材料（容易做的分量）

● 柴魚…1 包（3g）
● 水…200c.c.

作法

1　在煮沸的熱水中放入柴魚，煮到香味出來後，關火放涼，過濾。

小分量的配菜或分享餐

在做飯的時候，順便取用菜餚的一部份分享給狗狗。
彼此享用一樣的東西，讓人覺得好幸福

豬肉湯分享餐

在做豬肉湯的時候，請分取一些做為狗狗專用的材料。
豬肉的維他命 B 群很豐富，蒟蒻則有滿滿的膳食纖維。

材料（5kg 成犬 1 日份）

- 豬腿肉…30g ● 蘿蔔…5g ● 紅蘿蔔…10g
- 鴻喜菇…5g ● 蒟蒻…10g ※肉以外的料加起來總共 30g。
- 小魚乾粉湯（p.56）…100c.c.

作法

1 把豬肉、蘿蔔切成一口大小，紅蘿蔔、鴻喜菇切成碎末。
2 蒟蒻用沸騰的熱水煮，去掉澀味，切成碎末。
3 把蘿蔔、紅蘿蔔放進小魚乾粉湯裡，開火煮滾之後，加入豬肉，
   一邊撈掉泡沫一邊煮。
4 等蔬菜變軟之後，把鴻喜菇、蒟蒻放進去。
5 鴻喜菇煮熟後，關火，放涼到與人體體溫接近的溫度，連同湯
   汁，一起淋到規定量 75% 的乾飼料上。

※餵幼犬或高齡犬時要徹底浸濕飼料，讓鮮食的料和飼料充分混合再餵。

沙拉分享餐

滿滿的健康排毒食材！利用雞湯好聞的香味，
讓討厭蔬菜的狗狗也忍不住大口吃光光。

材料（5kg 成犬 1 日份）

- 青花菜…10g ● 小黃瓜…10g ● 番茄…10g
- 水煮蛋…30g ● 橄欖油…1/4 小匙
- 雞湯（p.54 或是水）…100c.c.

作法

1 材料洗淨。青花菜先水煮；湯先放冷到與人體體溫接近的溫度。
2 把煮好的青花菜和其他蔬菜全部切成碎末，水煮蛋切成一口大
   小，淋上橄欖油。
3 把②放在規定量 75% 的乾飼料上，淋上湯。

※因為油放入冰箱就會凝固，所以在餵之前加就可以了。

— Point —

半熟的水煮蛋比
較好消化，建議
這樣使用。

炒蛋配菜

使用家裡冰箱中常備的蛋來做一道簡單配菜，
搭配有抗氧化作用的蔬菜，變得更健康。

材料（5kg 成犬 1 日份）

- 蛋…1 個 ● 番茄（小番茄也可以）…15g
- 馬鈴薯…15g ● 芝麻油…1/4 小匙

作法

1　材料洗淨。番茄切成碎末、馬鈴薯切成一口大小，水煮到用竹籤
　　插一下能立刻刺穿的程度。蛋先打好備用。

2　把芝麻油倒入鍋裡加熱，倒入蛋液翻炒。

3　把①和②放在規定量 75%的乾飼料上。

納豆配菜

具有整腸作用的納豆，加上可幫助消化的蘿蔔，
是一道對腸胃溫和、狗狗也會大快朵頤的湯泡飯。

材料（5kg 成犬 1 日份）

- 碎納豆…30g　● 蘿蔔泥…20g
- 柴魚湯（p.56）…50c.c.

作法

1　在規定量 75%的乾飼料上，放納豆、蘿蔔泥，淋上加熱到人體
　　體溫的湯。

※餵幼犬或高齡犬時要徹底浸濕飼料，讓鮮食的料和飼料充分混合再餵。

超簡單！自製零食點心

市售零食點心擔心吃太多不好，如果是自製的就很健康，
不但特別美味，也能滿足狗狗的心。

季節水果&優格

適合便秘或乾燥膚質的毛小孩、可以滋潤身體。
蘋果可以讓狗狗們遠離醫生，對緩和疲勞也有幫助。

材料（容易做的分量）

- 原味優格（無糖）…1～2 小匙
- 蘋果…削皮 20g

作法

1　蘋果磨泥，和優格混合。想要加一點甜味時，可以加
少許的蜂蜜。

— Point —

水果可以用草莓或
西瓜、柿子等，推
薦使用當季盛產的
水果。

豆漿寒天點心

在可攝取到優質蛋白質的豆漿中添加水果，
同時能享受到寒天的口感。

材料（容易做的分量）

- 寒天粉⋯4g ● 水⋯200c.c. ● 成分無調整豆漿⋯300c.c.
- 季節水果⋯適量

※水果可用草莓或奇異果、橘子、藍莓等。

作法

1　把水和寒天粉倒入鍋中，混合均勻後開中火。煮到沸
　　騰後，再煮 2 分鐘左右。
2　關火，把豆漿加到①裡面，攪拌均勻，倒入模型中。
3　等放到不燙後，把切成一口大小的水果均勻放進去，
　　再放進冰箱冰到凝固。
4　凝固好之後從模型中倒出來，切成容易入口的大小。

※放冰箱保存可放 5 天。

—— Point ——

撒上微甜的黃豆粉
的話，就更能促進
食欲了。

地瓜軟餅乾

地瓜餅乾適合對麵粉過敏的毛小孩，
也可以幫助調整腸胃狀況。

材料（容易做的分量）

- 地瓜…中的 1 根（約 200g）
- 山藥…2cm（約 50g）
- 蜂蜜…1 大匙

作法

1　烤箱先用 200℃預熱。

2　地瓜切成一口大小，在水裡泡 5～10 分鐘後，蒸到變軟（用微波爐加熱
　　到變軟也可以）。山藥磨成泥。

3　把地瓜移到調理碗中，用叉子的背面或是壓泥器來壓碎，把山藥、蜂蜜加
　　進去，攪拌均勻。

4　把③的地瓜泥分成每塊一小匙大小，在舖了烘焙紙的烤盤上壓平成形後，
　　用 200℃烤約 13 分鐘，取出即完成。

咔哩咔哩蔬菜棒

咬一咬有口感的蔬菜，
不但有刷牙的效果，也有助於彼此的互動。

材料（容易做的分量）
● 有口感的蔬菜（蘿蔔、小黃瓜、紅蘿蔔等）⋯適量

作法
1　把蘿蔔、小黃瓜、紅蘿蔔等切成厚度約 0.5 公分、長度約 5公分 的棒狀。
2　拿著一端來餵。

——— **Point** ———

如果餵食的時候沒有握著其中
一端，狗狗就會一口吞下去，
失去刷牙的效果。重點是讓牠
好好咀嚼。

手作鮮食基礎食譜

介紹 3 款能 100%徹底了解
手作鮮食原理的基礎食譜！

基礎什錦粥

內含肉類、多種蔬菜和飯的均衡搭配，
做起來超簡單的食譜。

材料（5kg 成犬 1 日份）

- 雞腿肉…100g
- 乾香菇…1/2 片
- 紅蘿蔔…20g
- 蘿蔔…10g
- 小松菜…20g
- 飯…1/4 碗
- 水…適量

作法

1. 用水或溫水（材料表以外）泡乾香菇。
   泡香菇的水先留著備用。
2. 雞肉切成一口大小，並將香菇和蔬菜切
   成碎末。
3. 把泡香菇的水和開水混合，約 150c.
   c.，倒入鍋子裡，接著將紅蘿蔔、蘿蔔
   放進去，開中火。
4. 煮滾後，加入雞肉，一邊撈掉泡沫，一
   邊把肉和蔬菜煮熟。
5. 加入香菇、小松菜、飯，用小火煮 5
   分鐘左右即完成。

鮭魚拌飯

只要把抗氧化作用很強的鮭魚、羊栖菜和青花菜，
跟飯拌在一起，就完成了一道美味又健康的主食！

材料（5kg 成犬 1 日份）

- 生鮭魚…1 切片　● 羊栖菜（泡水還原的）…1 小匙
- 青花菜…小朵 1 個　● 飯…1/2 碗

作法

1　鮭魚烤好後弄碎，拿掉魚刺。
2　羊栖菜水擠乾淨後切成碎末，青花菜水煮後切成碎末。
3　把鮭魚、羊栖菜、青花菜拌到飯裡面。

蔬菜鮮菇炒飯

芝麻油的香氣可促進食欲！
使用了蔬菜、蕈菇和蛋，不但健康、營養價值又高。

材料（5kg 成犬 1 日份）
- 紅蘿蔔…20g ● 小松菜…30g ● 舞菇…10g
- 蛋…1 個 ● 飯…1/4 碗 ● 芝麻油…1/2 大匙

作法
1 紅蘿蔔、小松菜、舞菇切成碎末。蛋先打好備用。
2 芝麻油倒入平底鍋加熱，把蔬菜和菇放進去，用中火炒。
3 蔬菜炒熟後，把蛋液倒進去，一邊拌一邊炒。
4 蛋炒熟後，將飯倒入鍋裡，轉成大火，一邊把飯撥炒散開，一邊快炒均勻即完成。

手作鮮食實證報告 ①

長年吃手作鮮食不生病

吉娃娃貴賓　15 歲

埼玉縣　M 小姐

**從小時候就一直吃飼料＋手作鮮食配菜。
現在 15 歲了，不曾有過重大疾病。**

◎ 開始的理由

　　當時，我養的第 1 隻狗約克夏必須減重，因為牠不肯吃減重飼料，我只是單純覺得：「讓牠吃蔬菜就會瘦吧？」於是就這樣開始吃起了鮮食。主要以高麗菜、紅蘿蔔、地瓜和雞里肌肉料理，有時候會加青花菜、南瓜、白蘿蔔。蔬菜切成碎末用水煮、雞里肌肉水煮後撕開，以狗飼料 1：配菜 2 的比例餵食。

◎ 因手作鮮食產生的變化

　　約克夏不但減重成功，便秘也治好了。一直到我們家第 3 隻狗玩具貴賓，全都吃手作鮮食。第 1 隻約克夏活到 17 歲半，第 2 隻可卡活到 14 歲，都沒生過什麼大病，很長壽。第 3 隻玩具貴賓因為從小就吃鮮食，不清楚有什麼變化，不過到現在 15 歲也都沒有生過病。

◎ 喜歡的東西、討厭的東西

　　我們家的狗對吃似乎特別講究，不喜歡乳酪和水果，喜歡高麗菜芯，但只要一有菜葉就不吃。還有裝盤時如果沒把雞里肌肉放在最上面，他們也不喜歡。狗飼料也只吃本來在吃的那種普通狗飼料，換成高齡犬用的飼料牠們就不肯吃，所以我沒有換飼料，只是多加一點配菜的湯汁，放30 分鐘左右，等飼料浸軟了再餵。

◎ 持續手作鮮食的祕訣

　　到現在已經持續了幾十年，因為和每天餵飼料的感覺差不多，所以才能持續這麼久。我每次都會先做好 3天份備用。

◎ 手作鮮食的優點

　　雖然我是用自己的方式做，但還好每個小寶貝都沒生大病、很長壽，所以鮮食很適合我家的毛孩們！

CHAPTER

3

健康對症鮮食餐──進階篇

關於飲食生活和慢性病的知識

在飲食上並不是吃這個就一定健康、吃那個就一定會生病，
更沒有可以治療特定疾病的食物。
儘管如此，好的飲食生活依然是健康的第一步，
因為飲食不正常而引起的不適，也會發生在狗狗身上。

狗狗也會有慢性病

飲食不正常或運動不足等，主要因為生活習慣造成的疾病，統稱為「慢性病」。我們人也經常聊到相關的話題，可抑制血壓上升、降低血糖的食品或營養補充品也相當受歡迎。其實不只是人，狗狗也有慢性病，最常發生的原因就是飲食不正常和運動不足。另一方面也有人認為，因為獸醫學的進步讓狗狗的壽命延長，也因此從中高齡開始就會逐漸出現各種疾病。

首先透過重新檢視並調整飲食生活，重啟自癒力、養成不容易罹患慢性病的體質吧！

打造健康的生活習慣是飼主的責任

不管是吃健康膳食、或是外出散步解決運動不足的問題，都不是狗狗自己能辦到的事，也因此責任會落到飼主的身上。「生病了＝飲食生活不良」，這種說法並不正確，也不是換成手作鮮食後就絕對不會生病。但藉由調整飲食生活，可以避免狗狗吃到劣質飼料的添加物、或保存不良的飼料而引起健康危害，也能預防萬病之源的肥胖。

狗狗容易出現的慢性病

癌症

高齡犬死因排名前幾名的癌症，原因來自於壓力、老化或食物等各種因素。此外，劣質飼料中的化學添加物，也被指出是致癌的兇手之一。早期發現、早期治療相當重要，請透過日常的撫摸，隨時確認狗狗身體是否有硬塊。

糖尿病

一旦罹患糖尿病，就需要一輩子注射胰島素或執行飲食療法，也要擔心病情是否會加重或發生併發症。雖然也有遺傳性的影響，但不讓狗狗過胖是飼主能做到的預防方式之一。另外，牙周病也會造成糖尿病惡化。

心臟病

分別有先天性，以及邁入高齡而發病這兩種。雖然並不是飲食造成的，但若被診斷出心臟病，那麼就特別需要針對飲食和運動等生活層面進行管理。此外，變胖會對心臟造成更大的負擔，罹患機率也會隨著年紀增長而增加。

為了預防……

①不要讓牠變胖。②不要讓牠得牙周病。③不要讓牠運動不足。④不要給牠壓力。為了預防慢性病，這 4 點很重要。
打造愛犬的生活習慣，是身為我們飼主的責任。

手作鮮食可預防肥胖

雖然極少在野生動物身上看過，

但不管是狗狗、貓咪或小鳥，

和人一起生活的動物，都會有「變胖」的情況。

通常是卡路里攝取過量和運動不足，

藉由持續給予健康的膳食，就能改善肥胖。

不管是狗或人，肥胖都是萬病之源

在人類社會中也有很多因為太胖而煩惱的人。狗狗也是一樣，因為食物變豐盛，並且大多在室內飼養，造成肥胖問題越來越多，因此導致各式各樣的疾病。例如：造成關節或心臟負擔、血壓變高等……通常一變胖就沒有任何好事。最近有越來越多狗狗有慢性病的問題，不要讓牠變胖是重要的預防方法，不過飼主們太多不容易發現狗狗體重的變化。

不讓牠變胖很重要

不讓狗狗變胖相當重要，如果發現狗狗發胖，請立刻幫牠進行減重。此時也可以看到手作健康鮮食餐的優勢，可以針對減重的目的使用低卡路里食材、或減少飲食的量，同時兼顧飽足感。此外，減少分量的同時，可以用增加蔬菜量的方法來填滿飽足感。當然除了飲食之外，還有另一件同樣重要的就是運動。不過，千萬別為了達到減重目的，而採用極端的飲食限制，一邊運動一邊慢慢瘦下來比較健康，這點和人是一樣的。

我家的毛小孩很胖嗎？

以體型來檢視肥胖──身體狀態指數 Body Condition Score

可依據觀看、觸摸身體來檢視體型的肥胖程度，又叫做「身體狀態指數 Body Condition Score」（簡稱 BCS）。重點在於肋骨和腰部。請試著觸摸狗狗身體確認體型吧！

BCS				
1 太瘦 ·········· 理想體重的 85%以下	2 體重不足 ·········· 理想體重的 86～94%	3 理想體重 ·········· 理想體重的 95～106%	4 體重過重 ·········· 理想體重的 107～122%	5 肥胖 ·········· 理想體重的 123～146%
〔肋骨〕沒有被脂肪覆蓋，可以很容易摸到。 〔腰部〕沒有皮下脂肪，看得出骨骼構造。	〔肋骨〕覆蓋著相當薄的脂肪，可以輕易摸到。 〔腰部〕皮下脂肪只有一點點，看得出腰部的骨骼構造。	〔肋骨〕只有一點點脂肪覆蓋，能摸得到肋骨。 〔腰部〕斜斜往上的輪廓，或外觀稍微有厚度，在薄薄的皮下脂肪下，可以摸得到骨骼構造。	〔肋骨〕被中等程度的脂肪覆蓋，很難摸到。 〔腹部〕斜斜往上的輪廓，或外觀稍微有厚度，骨骼構造勉強摸得出來。	〔肋骨〕被厚厚的脂肪覆蓋，要摸到非常困難。 〔腹部〕有厚度的外觀，很難摸到骨骼構造。

了解肥胖的類型

雖然減少飯量是減重的捷徑，但也有減少分量卻沒有效果的情況。狗狗肥胖分為蛋白質肥胖類型以及碳水化合物肥胖類型，要隨之調整該減少的食材。單從膳食觀察珠變胖類型，不是件簡單的事，但只要能正確找出原因，減重效果就會大幅提升。

手作鮮食食譜的組合方法

前面已經多次提到，

狗狗的均衡食譜組合是「1：1：1」。

無論是幼犬或高齡犬、胖胖狗或運動健將狗，

大家真的都吃一樣嗎？想必你也有這樣的疑惑吧！

按照食譜做，習慣手作鮮食

　　肉／魚類 1：蔬菜類 1：穀類 1，是狗狗手作健康鮮食餐的基本規則。一開始請先按照食譜做做看，只要遵守規則就可以了。這階段的重點是要輪流替換食材，同一道鮮食中請選用幾個不同種類的蔬菜。

　　白色和黃綠色蔬菜、葉菜類和根莖類等，結合種類不同的蔬菜，就能達到營養均衡。基本食譜會按照黃金比例調配，不過如果是針對特定效果的食譜，就可能和基本比例不同。

配合愛犬來調整食譜

　　有常運動、需要補充較多卡路里的狗狗，也有需要減重、減少卡路里攝取的狗狗，可以根據狀況不同增減分量。視情況增加肉類的量、減少碳水化合物、增加蔬菜等，稍微改變 1：1：1 的平衡是沒有問題的。不過要注意，即使是在減重，如果飯量太少也會造成狗狗的壓力。這時可以選擇不同效果的各類食材，幫牠準備適合的手作鮮食，右頁就是其中一例。另外，對腸胃不好的毛小孩，請多多選用幫助調整腸道環境的食材。

手作鮮食的黃金平衡

基本比例

肉／魚類 1：蔬菜類 1：穀類 1 的基本食譜。將三種食材放在一起，外觀看起來差不多一樣即可。在製作本書食譜以外的膳食時，只要活用這個平衡，就能做出健康的狗料理。

蔬菜類

肉／魚類

穀類

喜歡運動的狗狗

因為會消耗很多卡路里，所以分量多給一點也沒關係。肉類建議用富含優質蛋白質的雞里肌肉，或能消除疲勞的豬肉。另外因為也會消耗很多維他命，所以要同時攝取富含維他命豐富的黃綠色蔬菜，推薦鈣質和鐵質含量高的小松菜，以及維他命 C 豐富的水果等。

減重中的狗狗

過度極端地減少分量，會讓狗狗無法得到滿足感。讓身體溫熱、代謝變好、幫助脂肪燃燒的小羊肉，含有大量非水溶性膳食纖維的南瓜等，都是適合減重的食材。豆渣和蒟蒻卡路里低，又能有飽足感，也是很好的選擇。另外也別忘了發酵食品（納豆、味噌等），幫助狗狗調整腸道菌叢。

腸胃不好的狗狗

原因可能五花八門，不過先試著調整腸道環境吧！建議可選用纖維豐富的蒟蒻、海藻類、蓮藕或牛蒡等根莖類。蘋果中的果膠可以增添腸道益菌，所以也能幫助改善腸道環境。另外蘿蔔、秋葵等，在中醫理論中具有幫助消化的功能（又稱為消食類），也非常推薦。

各年齡層狗狗的膳食型態

成長期需要攝取大量的營養，幫助身體發育。

而隨著狗狗的年紀增長，可能會開始變得挑食，

因此更需要逐漸換成能維持健康的飲食。

如果選擇手作鮮食，就能輕鬆依照狗狗的需求做調整。

所需的膳食會依年齡改變

狗狗的一生大致可分為成長期、成犬（維持）期、高齡期 3 個階段。從斷奶開始到 1 歲（中～大型犬是 1.5 歲～2 歲）是要吃多一點來發育的成長期，之後則是要維持健康的成犬期。大約從 7 歲開始，狗狗就會逐漸顯露老態，到 10 歲就可以算是高齡犬了，運動量和能量消耗也會逐漸下降。另外，雖然是維持期，但如果有懷孕、哺乳的情況，就還是需要攝取很多能量。選擇自製健康鮮食餐的話，不用另外準備特別的食材，也能輕鬆根據年齡做出合乎需求的膳食。

為了擁有幸福的高齡期

從過了 10 歲就算是高齡期，各種疾病也會漸漸出現。像是隨年紀增長而造成的眼睛問題或關節炎，甚至內臟也能會出現不適，因為年齡而導致的身體變化會非常明顯。趁年輕就開始攝取健康的飲食，就能將高齡期的身體衰退抑制到最小程度，延長狗狗健康有活力的時間。自製鮮食可以根據需求隨時調整，也最適合劇烈變化的高齡期。請每天確認愛犬狀況，同時用健康的膳食讓牠活得健康又長壽吧！

依幼犬和高齡需求調整膳食

成長期（～1 歲）

就算是很小的幼犬，只要一年就會長到成犬的大小，是身體發育的重要時期。也是一生當中最需要能量的時候。

- 所有的營養都是必要的
- 比相同體重的成犬飲食量多 1.2～1.5 倍即可
- 因為一次無法吃很多，所以要對應月齡，並且1 天分成好幾次餵食

讓牠多吃營養均衡的飲食。到斷奶期前，月齡約為 4～5 個月左右，食材都要切細碎、煮軟。這個時期多吃各種食物，就比較不會挑嘴。

高齡前期（10～13 歲）

因為活動量下降，所以基礎代謝率會下降。隨著年紀增加，內臟機能也會衰退，或是出現骨質疏鬆等症狀，就會逐漸出現各種疾病。

- 低卡路里、高蛋白的飲食
- 如果生病了，就要選擇適合身體狀況的食譜（需要和獸醫討論）
- 明明有進食卻瘦了，就要去醫院檢查

因為代謝會逐漸變差，所以雖然吃和成犬期一樣的食物，卻會變胖。請一邊確認體重，一邊留意低卡路里高蛋白的原則吧。

高齡後期（14 歲～）

雖然老化不會停止，但到了這個年齡，一旦克服了牠前一段時間的疾病後，身體反而會因為年紀大而變得比較安定，會有安穩的老年生活。

- 如果食欲變差，可能有生病的疑慮，要帶去醫院
- 如果因牙齒掉了而變得不好進食，就要花工夫做雜燴粥等料理
- 如果一次無法吃很多，就要對應月齡，並且 1 天分成好幾次餵

進入高齡後很難接受新的東西，所以儘量要餵牠習慣吃的東西。如果飲食上需要輔助，為了預防誤嚥等情況，請先接受獸醫指導。

了解食材的功效

平常隨意挑選來吃的食材中，

各有不同的營養及各種功效。

妥善了解「吃」這件事，

就能活用食材讓身體更健康。

用適合的食材讓鮮食餐更健康

親手做的健康鮮食餐，可自己選擇食材來製作，因此若能事先了解食材功效，加上對愛犬的觀察，就能做出最適合牠身體狀況的膳食。這是市售的寵物食品所沒有的最大優點。

想了解食材功效，可以從中醫學或營養學著手。但兩種都是專門的知識，所以很難了解透徹。不過只要先記住食材溫補和寒涼的特性，能調整胃腸、促進循環等就很足夠了。

只採用當季食材也可以

濕氣多的夏天身體容易水腫，冬天皮膚容易乾燥，身體狀況也會因為季節不同而有所變化，所以攝取適合季節的營養非常重要。夏季蔬菜中的番茄和小黃瓜，可以幫助身清熱；秋到冬天盛產的紅蘿蔔和南瓜，可溫補身體。在當季盛產的食物中，有很多適合當季調整身體的食材。另外，在寒冷地區採收的食物會偏溫補，在熱帶地區採收的食物則偏清熱。只要選用當季食材，就能做出適合各季節的膳食。

擁有不同功效的食材

溫補、清熱

能溫補身體的是雞肉、羊肉、鮭魚和竹筴魚、薑等，清熱的食材有小黃瓜、海藻類、菇類、番茄等。除了盛夏酷暑、或發燒的時候以外，請避免讓體溫變得過低。

調整胃腸

納豆、山藥等食材，有保護胃或腸的黏膜的作用。地瓜、牛蒡、青花菜、菇類的膳食纖維可讓腸道機能更活躍。味噌、優格、納豆等發酵食品，則能幫助益菌作用。

促進血液循環

維他命、Omega-3 脂肪酸（DHA、EPA）含量豐富的鮭魚、鰤魚、竹筴魚、沙丁魚等魚類，或含有大量抗氧化成分及維他命類的青花菜、南瓜，另外還有像是黃綠色蔬菜、西洋芹等，都能讓血液循環變好。

排毒

海藻類、紅蘿蔔、牛蒡、蓮藕的膳食纖維可促進老廢物質的排出。南瓜、菠菜、水果類的維他命 E 及維他命 C，能讓血液循環變好，讓毒素順暢排出。蜆和蕪菁則能協助肝臟機能運作。

兩星期後進行健康檢查

開始自製健康鮮食餐後，

希望各位務必檢查愛犬的身體狀況。

因為突然改變飲食習慣，

狗狗的身體也可能會出現各種變化。

測量體重才能知道適當分量

　　每天的膳食改變後，狗狗的身體也會產生變化。為了知道飯量是否適當，要先確認體重變化。在剛換成手作鮮食的 2 週後，請和之前的體重做比較。如果原本是適當體重，兩週後變胖，就可以知道飯量太多；瘦了就是太少。為什麼訂在 2 週後呢？因為光看 1 週可能看不出變化；超過 2 週又可能因為太晚發現變胖而必須減重。所以如果在 2 週內就發現狗狗大幅變瘦或變胖時，就請從當下開始調整。

在體內引起的各種變化

　　比較早出現變化的是便便。因為腸內細菌的平衡改變，常會出現腹瀉的情況，尿量增加是因為水分攝取變多。不過因為這些是暫時性狀況，所以請試著觀察一段時間，不要因為一次拉肚子就懷疑自製膳食不可行。其他可能還有體臭或口臭變嚴重、出現發癢或眼屎等問題，這部分可能是因為身體要將不必要的老廢物質排出體外，只要過一段時間就會穩定下來，不必太擔心。

暫時性的身體變化

體重增減

為了準確的知道膳食的適當量，請務必確認體重。如果體重增加到超過適當體重，飯量就要減少；如果體重減少很多，飯量就要增加，藉此決定愛犬的膳食分量。手作鮮食是低卡路里，一般來説，很多狗狗都會漸漸瘦下來。

口臭、體臭

是排出老廢物質的症狀之一，只要過了這個時期就會消失。也有吃了手作鮮食後體臭消失、毛色光澤變亮的案例。

拉肚子、嘔吐

因為從平常吃的飼料換成手作鮮食，腸內細菌的平衡會改變，有時會引起拉肚子或嘔吐情形。這是比較早出現的變化之一，約一週左右就會穩定下來。請確認一下狗狗排泄物的狀態。

頻尿

只吃沒有水分的乾飼料，水分容易不足。因膳食裡含有水分，尿量和次數會增加，這樣才是正常。

發癢、掉毛

因攝取水分多的膳食，循環變好，因此可能會出現發癢或掉毛的代謝症狀，也有狗狗會有眼淚、眼屎增加的情形。

其他

如果是排毒而引起的變化就不用擔心，想用藥來抑制反而會有反效果。長期持續吃鮮食的話，也要考量狗狗是不是對特定的食材過敏。如果發現令人擔心的症狀，一定要去接受醫師的診察。

當狗狗沒有活力時

接下來要介紹的基礎食譜，除了兼顧讓狗狗更有活力的 4 大要點之外（第 19 頁），也針對狗狗不同的身體狀況分別設計多道食譜。如果覺得愛犬的樣子和平常不同，請參考這一章節。等習慣了手作鮮食後，也建議以本章食譜所使用的食材、分量為基礎，配合身體狀況來調整菜單。只要先記住基本規則（第 26 頁），就能自由發揮自製手作鮮食。

圖示的解讀法

體溫上升

寒對狗狗來說也是萬病之源。請讓狗狗從體內開始變溫暖吧。

促進循環

讓血液清澈乾淨順暢流動，血液循環變好，代謝自然也會提高。

腸道環境

負責營養吸收的腸道狀況變好的話，自然免疫力也會比較高。

芝麻味噌豆漿烏龍麵

採用薑、味噌等溫補身體的食材，讓身體從肚子開始熱起來。

材料（5kg 成犬 1 日份）

- 雞腿肉…100g　● 水煮烏龍麵…1/4 球（50g）　● 紅蘿蔔…30g
- 南瓜…50g　● 香菇…1/4 片
- 芝麻油…少許　● 豆漿…100c.c.　● 味噌…1/6 小匙
- 白芝麻粉…1 小匙　● 薑粉…少許

作法

1　腿肉去掉皮和油脂，切成一口大小，蔬菜和菇全部切成碎末。烏龍麵切成容易入口的大小。

2　在平底鍋倒入芝麻油加熱，把雞肉和蔬菜、菇放入，用中火炒。

3　等雞肉熟了後，加入豆漿、烏龍麵，用小一點的中火煮。煮到烏龍麵分散開沒有黏在一起後就關火，加入味噌拌勻。

4　放冷到接近人的體溫後，盛放到容器中，撒上芝麻粉和薑粉。

腸道環境

南瓜紅豆配菜

紅豆和南瓜能讓血液循環變好，
也能幫助胃腸的機能。

材料（5kg 成犬 1 日份）

● 南瓜…15g　● 水煮紅豆（無糖）…15g

※總共 30g

作法

1　南瓜切成一口大小，皮朝下放入鍋中，倒入熱水並淹過南瓜，將南
　　瓜煮熟。

2　南瓜煮軟後，放入紅豆再接著煮到合適的軟度。

3　放冷到接近人的體溫後，連同湯汁淋到規定量 75%的乾飼料上。

—————— **Point** ——————

不用飼料的話，南瓜改為 30g、水煮
紅豆改為 20g。用相同方式煮好後，
連同湯汁和 1/4 碗的飯拌在一起。

味噌煮鯖魚

避免讓身體變寒，是提高免疫力的第一步。
鯖魚可以溫補身體。

材料（5kg 成犬 1 日份）

- 鯖魚…剖半 1 片 ● 蘿蔔…20g
- 小松菜…20g ● 舞菇…10g ● 飯…1/4 碗
- 小魚乾粉湯（p.56）…300c.c.
- 味噌…1/8 小匙 ● 薑粉…少許

作法

1 鯖魚和蘿蔔切成一口大小，小松菜、舞菇切成碎末。
2 把小魚乾粉湯、鯖魚、蘿蔔、小松菜、舞菇、飯放進鍋中，用中火煮。
3 等鯖魚熟了後，把味噌和薑粉放進去，再稍微煮一下後關火。
4 放冷到接近人的體溫後，拿掉鯖魚刺，裝到容器中。

促進循環

鮪魚冷泡飯

鰹魚或鮪魚中，
含有可讓血液清澈順暢效果的 DHA、EPA。

材料（5kg 成犬 1 日份）

- 鮪魚罐頭（無添加食鹽、油）…1 罐
- 味噌…1/6 小匙　● 白芝麻粉…1/2 小匙
- 小黃瓜…1/5 根　● 豆腐…1/10 塊
- 水…100c.c.　● 飯…1/2 碗

作法

1 瀝掉鮪魚罐頭的湯汁，將鮪魚薄薄地舖在鋁箔紙上。把味噌和白芝麻粉拌在一起後，薄薄地舖在另一張箔紙上。

2 把①放入烤箱，烤到表面呈現金黃焦色。

3 小黃瓜切成碎末，豆腐切成一口大小。

4 把烤到帶有微焦色的芝麻味噌放到調理碗中，一邊一點一點地加水一邊把芝麻味噌拌到溶化。

5 加入弄碎的鮪魚和小黃瓜、豆腐後攪拌，淋在飯上。

納豆梅子乾烏龍麵

納豆和梅子乾具有溶解血栓、
讓血液乾淨清澈的作用。

材料（5kg 成犬 1 日份）

- 梅子乾⋯10g
- 秋葵⋯1 支
- 水煮烏龍麵⋯1/2 球（10g）
- 小魚乾粉湯（p.56）⋯150c.c.
- 碎納豆⋯1/2 盒

作法

1　梅子乾切成細末。秋葵稍微汆燙一下切碎。烏龍麵切成容易入口的大小。

2　把小魚乾粉湯倒入鍋裡煮到沸騰後放入烏龍麵。

3　納豆、梅子乾、秋葵放入調理碗中，均勻混合。

4　烏龍麵煮熟後，放冷到接近人的體溫，連同湯汁一起盛到容器中，上面放③即完成。

當狗狗怕冷時

可以讓肉球冰冷、平常體溫很低的狗狗，吃溫補身體的膳食

鮭魚味噌雜燴粥

大量採用溫性食材、熱呼呼的雜燴粥。味噌和薑粉也是重點。

材料（5kg 成犬 1 日份）

- 生鮭魚…100g ● 蘿蔔…20g ● 地瓜…20g ● 小松菜…20g
- 舞菇…10g ● 飯…1/4 碗 ● 小魚乾粉湯（p.56。或是水）…200c.c.
- 味噌…1/8 小匙 ● 薑粉…少許

作法

1　鮭魚、蘿蔔、地瓜切成一口大小，小松菜和舞菇切成碎末。

2　把小魚乾粉湯、鮭魚、蔬菜和菇、飯放進鍋裡，一邊撈掉泡沫，一邊
　　用中火把蔬菜和菇煮到變軟。

3　煮軟後先關火，加入味噌拌勻，再加入薑粉，再煮 5 分鐘左右。

當狗狗怕熱時

狗狗是比人更怕熱或濕氣，夏天的暑氣問題也可用手作鮮食來解決。

豬肉燉菜

用蔬菜的力量來冷卻身體的熱，用豬肉的維他命 B 群，也能消除疲勞！

材料（5kg 成犬 1 日份）

- 豬肉…100g ● 番茄…1/2 個 ● 茄子…20g
- 馬鈴薯…20g ● 青椒…20g ● 西洋芹…20g
- 橄欖油…少許 ● 水…150c.c.

作法

1 豬肉切成一口大小，番茄、茄子、馬鈴薯切成 1 公分的丁，青椒、
　西洋芹切成碎末。
2 橄欖油倒入鍋中加熱，炒豬肉炒到變色為止。
3 加入蔬菜輕輕拌炒後加入水，一邊撈掉泡沫一邊煮 10 分鐘左右。

當狗狗便秘時

若單以乾飼料當作主食容易造成水分不足及便秘問題。

鮪魚地瓜粥

利用地瓜的膳食纖維和青背魚促進血液循環的功效，讓腸道機能變活躍。

材料（5kg 成犬 1 日份）

- 鮪魚罐頭（無添加食鹽、油）…1 罐　● 地瓜…50g　● 舞菇…20g
- 糙米飯…1/2 碗　● 小魚乾粉湯（p.56。或是水）…200c.c.
- 海苔粉…用手指抓 1 小撮

作法

1　地瓜切成 1 公分的丁狀，舞菇切成碎末。鮪魚罐頭把湯汁瀝掉。

2　小魚乾粉湯倒入鍋中煮到沸騰，把地瓜、舞菇、糙米飯倒進去，用
中火煮。

3　地瓜煮到用竹籤插一下就能立刻刺穿後，加入鮪魚，把全部的食材
拌勻關火。

4　放冷到接近人的體溫後，盛放到容器中，撒上海苔粉。

當狗狗拉肚子、腸胃不好時

拉肚子的原因可能是吃太多、壓力過大、或有病毒感染等因素。

山藥雞肉丸湯

用黏液蛋白保護腸黏膜，用溫補食材緩和對胃腸的刺激。

材料（5kg 成犬 1 日份）

- 雞絞肉…100g ● 山藥…50g ● 紅蘿蔔…20g ● 太白粉…2 小匙
- 水（或是雞湯）…200c.c. ● 蘿蔔…20g ● 荷蘭芹（切碎）…少許

作法

1 削皮的山藥、紅蘿蔔、蘿蔔都磨成泥。荷蘭芹切成碎末。

2 把雞絞肉和山藥、紅蘿蔔放進調理碗中攪拌，加入太白粉，再攪拌均勻。

3 把水（或是雞湯。p.54）放進鍋子裡煮到沸騰，用茶匙將②做成一口大小的丸子，同時將丸子放入熱水中，一邊撈掉泡沫一邊煮。

4 煮 5～10 分鐘左右，等雞肉丸熟透後關火，加入蘿蔔泥。

5 放冷到接近人的體溫後，盛放到容器中，撒上荷蘭芹。

當狗狗有皮膚問題時

皮膚問題的主因是老廢物質或毒素。利用食材促進血液循環，能加速代謝並排出。

雞肝燉番茄

雞肝中所含有的生物素可緩解發癢，並促進老廢物質的排出。

材料（5kg 成犬 1 日份）
- 雞肝…50g ● 雞胸肉…50g ● 番茄…1/2 個 ● 鴻喜菇…20g
- 橄欖油…1 大匙 ● 水…150c.c. ● 荷蘭芹（切碎）…少許

作法

1　雞肝去除血塊和多餘的脂肪，雞胸肉去除皮和多餘的脂肪，都切成一口大小。

2　番茄切成 1 公分的丁狀，鴻喜菇切成碎末。

3　橄欖油倒入鍋中加熱，炒雞肝和雞肉。

4　等雞肝和雞肉變色之後，加入番茄、鴻喜菇和水，一邊撈掉泡沫，一邊用中火煮 10 分鐘。

5　放冷到接近人的體溫後，盛放到容器中，撒上荷蘭芹。

—— Point ——

雞肝以一週一次的頻率使用即可。

南瓜義式麵疙瘩

南瓜中所含有的 β-紅蘿蔔素，具有調整皮膚狀況的作用。

材料（5kg 成犬 1 日份）

[義式麵疙瘩]　● 南瓜…80g　● 麵粉…20g　● 蛋液…1/2 大匙
[醬汁]　● 豬絞肉…100g　● 豆漿…100c.c.　● 荷蘭芹（切碎）…少許

作法

1　南瓜削皮切成 1 公分的丁狀，煮到變軟。

2　把①鍋裡的湯倒掉後，再開中火，把鍋裡的水分煮乾。

3　把南瓜移到調理碗中，用叉子的背面壓碎，加入麵粉、蛋液混合，揉到變成一團。

4　在砧板等表面撒麵粉防沾（材料表以外），把麵糰搓成 1～2 公分的棒狀後切成一口大小並搓成圓球（切好不搓也可以）。

5　在沸騰的熱水中，放入圓球麵糰，等到浮上來後撈到調理碗中，淋上少量的橄欖油（材料表以外）。煮麵水先留著備用。

6　用別的鍋子炒豬絞肉，炒熟後加入豆漿和煮麵水 50c.c.，稍微煮一下。

7　加入煮好的麵疙瘩⑤和醬汁拌勻，盛到容器中，撒上荷蘭芹。

照顧狗狗的牙齒和牙齦健康

牙周病可能導致內臟疾病。餵食健康鮮食餐,並搭配每天刷牙也是一種對策!

鱈魚豆漿湯

用鱈魚的 DHA、EPA 促進血液循環,
加入能提高免疫力提高的薑菇溫補身體。

材料(5kg 成犬 1 日份)

- 鱈魚…1 切片   ● 蕪菁…1/2 個   ● 紅蘿蔔…50g   ● 舞菇…20g
- 水…100c.c.   ● 豆漿…100c.c.

作法

1   鱈魚、蕪菁切成一口大小,紅蘿蔔、舞菇切成碎末。
2   鍋中放入水和鱈魚、蔬菜、菇,一邊撈掉泡沫一邊用中火煮。
3   等蔬菜熟了之後,加入豆漿,加熱到溫熱即可。

—— **Point** ——

可以加入飯做成雜燴粥,或加入烏龍麵一起煮,就能變化出卡路里較高的鮮食。

納豆秋葵湯泡飯

用黃綠色蔬菜和納豆促進血液循環,提高免疫力。
使用口感有嚼勁的食材也有刷牙的效果。

材料(5kg 成犬 1 日份)

- 南瓜…50g   ● 牛蒡…30g   ● 秋葵…1 根
- 碎納豆…1/2 盒
- 雞湯(p.54)…150c.c.   ● 飯…1/2 碗

作法

1   南瓜、牛蒡切成一口大小。
2   秋葵用水煮 1 分鐘左右,切碎。
3   把雞湯和南瓜、牛蒡放入鍋裡,一邊撈掉泡沫一邊用中火煮。
4   等蔬菜變軟之後,加入飯。
5   飯煮到一粒粒散開後關火,加入秋葵拌一拌。
6   放冷到接近人的體溫後,盛放到容器中,最後放上納豆。

當狗狗有點胖時

肥胖是萬病之源。選擇手作鮮食就能做出有飽足感又低卡的膳食。

豆渣漢堡排

使用雞胸肉和豆渣,低卡路里能讓狗狗吃飽又滿足。

材料(5kg 成犬 1 日份)

● 雞絞肉(雞胸)…100g ● 黃豆渣…50g ● 豆漿…1 大匙再少一點
● 蘿蔔(磨泥)…1 大匙 ● 綠紫蘇(切成碎末)…1/4 片

作法

1 絞肉和黃豆渣放入調理碗中,攪拌均勻。不夠濕潤時,可以一點一點地加入豆漿。
2 餡料拌到有黏性結成肉團後,分成 4 等份,並稍微壓平。
3 在平底鍋裡放入少量的油(材料表以外)加熱,將②的肉團並排放入用中火煎。(如果能不放油儘量不要用油)
4 煎 2~3 分鐘,單面煎到帶有金黃焦色後就翻面,轉小火蓋上蓋子,再煎 5~10 分鐘。
5 弄碎成一口大小,盛到容器中,放上蘿蔔泥、撒上綠紫蘇。

小羊肉粥

小羊肉裡所含有的左旋肉鹼,可促進脂肪燃燒。

材料(5kg 成犬 1 日份)

● 小羊肉…100g ● 白菜…30g ● 紅蘿蔔…20g ● 青花菜…1 小朵
● 舞菇…20g ● 飯…1/4 碗 ● 水…200c.c.

作法

1 小羊肉切成一口大小,蔬菜和菇切成碎末。
2 把水倒入鍋子裡,煮到沸騰,放入小羊肉,一邊撈掉泡沫一邊用中火煮。
3 肉煮熟後,把蔬菜和菇、飯加進去,一邊撈掉泡沫,再一邊煮。
4 飯變成粥狀後關火。

當狗狗很挑食時

一般狗狗食欲旺盛，但也有食量小或偏食的情況。花點心思就能讓牠產生食欲！

豬絞肉大阪燒

山藥是可以讓人產生活力的食材，蝦子和芝麻的香氣則可以促進食欲。

材料（5kg 成犬 1 日份）
- 豬絞肉…100g ● 高麗菜…1 片 ● 豆芽菜…10g ● 山藥…50g
- 蛋…1/2 個 ● 麵粉…20g ● 蝦米…少許 ● 黑芝麻粉…少許

作法

1　將高麗菜、豆芽菜切成碎末。並把山藥磨成泥。蛋先打好備用。

2　把高麗菜、豆芽菜、山藥放入調理碗中，再加入蛋、麵粉、蝦米、黑芝麻粉攪拌均勻。如果太乾拌不動，就加少量的水。

3　在平底鍋倒入少量的油（材料表以外）加熱，炒絞肉。（如果能不放油儘量不要用油）

4　等肉變色後，把肉集中到平底鍋中央弄成圓形，在肉上倒入②的麵糊後繼續煎。

5　煎 2～3 分鐘，單面出現金黃焦色後就翻面，蓋上蓋子，煎 5 分鐘左右。

— **Point** —

食譜材料的分量是一天份，所以大小、片數可依喜好調整。放涼到接近人的體溫後，弄碎了再餵。

雞蛋蔬菜粥

用雞湯、海苔粉和芝麻油的香氣來刺激食欲，卡路里比較低。

材料（5kg 成犬 1 日份）
- 蛋…1 個 ● 紅蘿蔔…20g ● 小松菜…30g ● 舞菇…10g
- 飯…1/2 碗 ● 雞湯（p.54）…150c.c.
- 海苔粉…少許 ● 芝麻油…1～2 滴

作法

1　打蛋。紅蘿蔔、小松菜、舞菇切成碎末。

2　雞湯倒入鍋中加熱，再加入蔬菜和菇、飯，用中火煮。

3　蔬菜煮熟後，轉大火，把蛋液倒進去，攪拌後關火。

4　放冷到接近人的體溫後，盛放到容器中，撒上海苔粉和芝麻油。

※紅蘿蔔磨泥，在蛋之前加進去也可以。

當狗狗年紀大時

不像年輕時需要那麼多卡路里，而是要積極攝取可維持活力的蛋白質。

雞肉燉番茄

使用低卡路里又有豐富維他命的馬鈴薯來取代飯。
因為用滿滿的湯燉煮入味，即使是高齡犬也容易食用。

材料（5kg 成犬 1 日份）

● 雞腿肉…150g　● 紅蘿蔔…50g　● 番茄…1 個
● 舞菇…20g　● 馬鈴薯…50g　● 荷蘭芹…少許

作法

1　雞肉去除皮和多餘的脂肪，切成一口大小。

2　紅蘿蔔、番茄、舞菇切碎，馬鈴薯切成小一點的一口大小。

3　雞肉放進鍋中，倒入剛好淹過雞肉的水（材料表以外），開大火。
　　沸騰後轉成中火，一邊撈掉泡沫一邊煮。

4　等雞肉變色後，放進蔬菜、菇，一邊撈掉泡沫再一邊煮。

5　馬鈴薯變軟後，關火。

6　放冷到接近人的體溫後，盛放到容器中，撒上荷蘭芹。

豆漿白醬燉鮭魚

鮭魚中紅色的蝦紅素是強力的抗氧化成分，
搭配豆漿的蛋白質，目標鎖定延緩老化！

材料（5kg 成犬 1 日份）

● 生鮭魚…1 切片　● 菠菜…20g　● 蕪菁…50g
● 鴻喜菇…20g　● 豆漿…200c.c.

作法

1　菠菜用熱水汆燙後放入冷水中浸泡，再把水瀝乾，切成碎末。

2　鮭魚、蕪菁、鴻喜菇用烤網烤熟，鮭魚弄成大一點的碎塊，去掉魚
　　刺。蕪菁、鴻喜菇切成 1cm 左右的丁狀。（蕪菁、鴻喜菇放在鋁
　　箔紙上烤即可）

3　把所有的材料和豆漿放進鍋中，煮熱了就關火。

| 替代食材 | 菠菜 ➡ 蕪菁的葉子 |

手作鮮食實證報告 ②

吃了手作鮮食後，食欲變好了！

約克夏　1 歲

東京都　K 小姐

從狗狗小時候就決定幫牠準備自製鮮食，
為了讓牠的身體健康發育，現在也持續自製手作鮮食！

◎開始的理由

我以前就對自製鮮食很感興趣，但又很怕牠會拒吃市售飼料，所以一直遲遲沒有實踐。不過因為狗狗非常挑食、很容易吃膩，昨天還願意吃的飼料今天就不吃了，讓我深感擔心。為了讓牠更健康，才下定決心開始嘗試自製鮮食。事實上，一方面也認為不管是手作鮮食還是飼料，狗狗都會一樣挑食！

◎**剛開始時的反應**

最一開始試做，是在飼料上放切碎的蔬菜和水煮蛋，淋上小魚乾的高湯。叫牠坐下後，牠立刻大口大口吃得津津有味，瞬間就吃光了。一起生活將近一年，我第一次看到牠這麼滿足的吃相，原來牠也是喜歡吃飯的啊！我除了感到驚訝外，也很高興找到適合牠的膳食。

◎**因手作鮮食產生的變化**

因為狗狗才 1 歲，身體沒有什麼不適，但有感覺眼屎變少。也觀察到尿尿頻率增加、便便量減少了。

最大的改變是牠開始喜歡「吃飯」這件事，以前一天一餐也愛吃不吃的，現在不管讓牠吃手作鮮食或飼料，牠食欲都一樣旺盛。以前訓練牠上廁所時，牠對任何獎勵都不感興趣，讓我很困擾，但現在連這個煩惱也消除了。

不過另一方面，開始吃鮮食 1 個月後，狗狗體重一直減輕也讓我不放心。牠最高居然減輕了 600g，這對小型犬來說是件大事！因為一開始體重沒有什麼變化，我就以那個分量為準，但可能也因為牠運動量增加，所以飯量變得不夠。牠並不是會吃到停不下來的貪吃鬼，所以應該是分量對牠來說真的不夠，覺得很對不起牠。幸好牠並沒有生病，現在我也正在調整整體膳食的分量，希望能幫牠增加到正常體重。

除了一餐份的膳食之外，我也會把剩下的蔬菜切碎，冷凍保存。

狗狗變得很難在吃飯時「等一下」。每次都覺得牠「等不及了」！

◎持續手作鮮食的祕訣

有空時，我會就先煮料（肉或蔬菜），把每餐分裝成一小份放冷凍保存，等要吃之前再解凍放在飯上，或加入料理一起煮。有時想偷懶就只在飼料上放切碎的蔬菜而已，單餵牠吃飼料的時候，會淋上補充水分的湯（偷懶時就用溫水）來浸濕。因為不管怎麼弄牠都吃得很開心，所以我就暫時放心了。

◎手作鮮食的煩惱

我很在意營養到底均不均衡。尤其我現在希望牠長胖，可是如果增加整體飯量會不會讓牠吃太多？是不是該維持飯量，只使用可以增胖的食材就好？又有哪些食材可以增胖呢？希望我能透過這本書學習更多。

◎手作鮮食的優點

狗狗的反應雖然不太明顯，但我目前經歷了好的一面和壞的一面，壞的一面都是我自己能改善的，所以影響不大，反而好的一面更明顯。前幾天狗狗不小心吞進地上的橡皮擦，為了能讓牠順利從大便排出來，我幫牠做了地瓜蒟蒻稀飯。也只有手作鮮食才能像這樣隨時依狀突發狀況調整。（不過防止誤食才是最重要的事）。

手作鮮食實證報告 ③

淚痕、體臭的問題不見了！

吉娃娃　6 歲

東京都　R 小姐

狗狗有時只吃乾飼料、有時吃配菜加飼料，
不過我確實知道牠的身體因為手作鮮食變健康了。

◎開始的理由

從以前幫忙照護老貓的經驗中，我發現「什麼都能吃」這件事很重要。後來我自己開始養吉娃娃，便一邊摸索一邊實踐自製膳食。剛好也碰到小孩過敏的問題，讓我不只是對孩子，也同時重新檢視愛犬的飲食。

◎因手作鮮食產生的變化

我並沒有讓狗狗吃 100%手作鮮食餐，但持續自製膳食搭配飼料一個月後，淚痕完全不見了。除此之外，牠身體和大便的味道也變得沒有那麼臭。但因為狗狗非常貪吃，帶牠去散步時總是會想跟我要零嘴來吃，雖然體重並沒有太大變化，但還是有一點肥胖傾向。

◎喜歡的東西、討厭的東西

牠幾乎不挑食、什麼食物都能大口大口吃得津津有味。唯一會讓這個小貪吃鬼出現滿頭問號並拒吃的食材，就是蛤蜊肉。牠每次只要一吃進嘴巴就會吐出來，我想大概是那獨特的軟軟口感讓牠覺得噁心吧。

◎手作鮮食的煩惱

為了不過於勉強、能持續做下去，我也有偷懶的時候。另外也覺得牠有點胖，雖然不是什麼大煩惱，但我一定要用手作鮮食努力幫牠減肥！

◎手作鮮食的優點

我並沒有很嚴謹地實踐，但狗狗身體確實有改變。為了搭配手作鮮食的營養比例，我買飼料都會選蛋白質含量較多的，但持續餵飼料，淚痕就會再出現。因為體質不同情況可能也不一樣，我不確定其他毛小孩會不會這樣，不過也可能是飼料的蛋白質不適合我家的狗狗。現在牠超過 6 歲、接近高齡期了，接下來我也會繼續用手作鮮食來維持牠的健康。

CHAPTER

4

促進狗狗健康的生活習慣

保持活力的生活習慣

為了讓愛犬每天都過得健康，除了飲食很重要外，
睡眠和活動也同樣重要。
最近有越來越多狗狗因為壓力而生病，
確實讓毛小孩吃好、睡好、玩得好，
就能大幅降低牠的壓力！

狗狗的工作就是吃好、睡好、玩好

優質飲食、安穩睡眠，和適度運動，如果這 3 項都備齊，狗狗就能健康地生活。不管是飢餓、睡不好，或不能動，對狗狗來說都是非常大的壓力。試想我們因為工作焦頭爛額、老是吃便利商店的食物、睡眠不足，加上身體活動的時間只有上下班通勤……這樣就能了解吧？狗狗是我們最愛的家人，但牠卻無法像人類一樣理解：「主人今天很忙，就算沒飯吃也忍一下吧！」再怎麼善解人意的狗狗都無法理解的。

雖然狗狗長時間和人一起生活而打造出了卓越的適應力，不過還是要每天吃飯、規律地睡覺起床和做運動，這些對每種動物都是必要的。如果因為狗狗不會向你抱怨就輕忽這些的話，那狗狗就太可憐了。

壓力是健康的大敵

近年來，狗狗出現慢性病的機率一直增加，雖然有各種原因，但常見的主因就是壓力。狗狗並不是突然就變得充滿壓力的，有因為醫學進步延長壽命而容易生病等原因，在了解到這些部分後，我們飼主更應該為愛犬減少壓力，並為牠考量如何能健康又舒適地生活。

健康生活的 3 個重點

睡眠

和人一起生活的狗狗，也會生活作息不正常。雖然狗狗也會去適應這樣的生活，但也和人一樣會因睡眠不足而無法消除疲勞。請為牠營造舒適的睡眠環境吧！如果需要熬夜，就把狗狗的睡床放在暗處，讓牠能安穩睡個好覺。

飲食

吃東西是健康的基本，只要身體健康，當然就會有食欲。換句話說，食欲不振也可能是身體不適的徵兆。確認狗狗每天的食欲是相當重要的。不管是手作鮮食或市售的寵物食品，優質飲食才能打造出健康的身體。

玩

狗狗很愛運動。每天的散步除了是牠的運動時間外，也是牠接觸外面世界的時間。讓狗狗身心靈接受適度的活動和刺激，就能紓解壓力。和飼主的溝通互動，也能讓狗狗滿足。

每天觀察就能守護狗狗健康

狗狗不會跟你說「我肚子痛」或「早上好累」，
加上動物都有隱藏不適的傾向，
所以更需要飼主的細心觀察，
主動發現愛犬的不適。

「和平常不一樣」是不適的徵兆？

察覺愛犬的不適是飼主很重要的責任。狗狗雖然和人生活久了，卻還是保有動物天性，會為了不讓敵人看到自己的弱點而本能地隱藏身體不適。雖然牠會隱藏，但希望飼主們能看出牠的不適，並做適當的應對。

要發現愛犬的變化，每天的觀察是不可少的。狗狗很喜歡和飼主在一起，即使獨處也常常會選擇靠近飼主靠近的地方，所以很容易觀察。吃飯的吃相、大便和尿尿的狀態，都是了解身體狀況的重要信號。

試著製作愛犬觀察日記吧

「牠好像和平常不一樣？」為了能發現狀況，了解愛犬的日常生活是一大前提。另外，藉由記錄每天情況，就能方便回溯並確認一段時間後的身體變化，例如：「這類的膳食可能是拉肚子的原因」、「從什麼時候開始變胖」等。此外，如果同時將記錄提供給獸醫，或許能發現更具體的狀況。持續的祕訣就是簡潔。若很難每天記錄，也可以只在發生變化時做記錄。

愛犬觀察日記的推薦

基本資料

日期、體重一定要記錄。若同時把天氣、睡眠時間、體溫（手摸並感覺肉球或腋下等處即可）記錄下來，或許就能發現這些變化和身體狀況之間的關連。

吃的東西

是觀察日記的重點，要記錄膳食內容、分量、次數和吃的狀況。寫下牠可能喜歡的食材、吃剩的食材等，將來就能派上用場。如果能知道牠喝的水量，就更完美了。

---

10 月 29 日　晴／有點冷冷的風

〈體重〉　2.7kg（±0kg）

肉球有點冷冷的　○ 早上賴床　○ 半夜有尿尿

〈早餐〉　9：00／什錦粥

　　　　　○ 雞腿肉　○ 蘿蔔　○ 紅蘿蔔

　　　　　○ 小松菜　○ 乾香菇　○ 飯

　　　　　➡ 連湯汁都舔光光，好像還想再吃。

〈晚餐〉　19：00／乾飼料＋炒蛋配菜

　　　　　○ 蛋　○ 番茄　○ 馬鈴薯

　　　　　➡ 剩下番茄籽，大致上算吃完。

〈尿尿〉　多量

〈便便〉早上，稍大一點的漂亮便便（在家）／

　　　　傍晚，小一點的、有點硬的（散步時）

〈散步〉　早上 20 分鐘／傍晚 30 分鐘

　　　　　○ 和西施犬一起玩　○ 被柴犬吠了

memo

　　○ 吃粥的日子尿尿變多？

　　○ 一直在搔癢（脖子、耳朵後面）➡ 乾燥？無聊？

　　○ 因為便便硬硬的，明天的飯用牛蒡！

便便和尿尿

分別記錄次數及狀態（顏色、氣味、量等）。資料累積愈多，就能逐漸看出和膳食之間的關聯性。詳情請看 p.112。

memo

身體狀況、外表的變化、散步時間和整體表現等，注意到的事情全都可以記錄。每天的觀察，和愛犬的健康息息相關。

便便和尿尿的觀察重點

每天都可以輕鬆做到的健康檢查，就是確認排泄物。

無論是觀察吃下膳食後的影響，

或是身體出現不適，

便便和尿尿都是狗狗健康狀態的衡量指標。

排泄物是反應飲食生活的鏡子

把飲食從市售的寵物食品換成手作鮮食後，在便便或尿尿上也會出現變化。量會增減、顏色濃淡會改變，有時也會因腸內細菌的變化而出現拉肚子的情況，但這種情況會慢慢穩定，請持續觀察幾天。狗狗進食後變成便便排出大約是 24 小時後，因此今天早上的便便，可能是受到昨天早餐的影響，可以將此當作觀察的基準。

看懂排泄物的提示

不管是便便或尿尿，都要確認顏色、分量、氣味等，便便還要確認硬度。尿尿顏色很濃表示水分不足，嚴重的話可能會有脫水症狀，多喝多尿也有糖尿病等疾病的疑慮。其他像是摻雜血絲、味道很臭、混濁等狀況，一發現請帶去接受獸醫的診察。便便檢查可參考右頁。其他像是味道比平常臭、或次數突然增減，一般可能是壓力、身體變化、突然換飼料、老化問題、腸胃炎、腸內瘜肉、腫瘤等的各種原因。為了慎重起見，請帶去醫院徹底檢查。

膳食改變，便便就會改變

好的便便

◎形狀是類似腸子形狀的圓柱體。

◎撿起來時不會輕易變形，用手抓起來也能保持原來的形狀。

◎一整塊便便在地上不會留下痕跡，或稍微殘留一點點。（軟硬度與人類牙膏相同最理想）

◎因為一般是在飯後 24 小時排便，所以如果早晚各吃一次飯，排便次數就是 1 天 2 次。

◎手作鮮食的便便不太臭。

附著果凍狀的東西

〔特徵〕

便便表面附著了果凍狀的東西／有時有便便的形狀，有時沒有。

〔對應法〕

● 可能是大腸炎等，腸子發炎的情況。

● 如果沒有活力、食欲，請馬上帶去醫院。

● 即使有活力，但持續有症狀的話，也需帶去醫院。

水水的

〔特徵〕

即使有形狀，撿起來時很容易變形，殘留在地上／沒有形狀，不用撿起來就殘留在地上。

〔對應法〕

● 原因有很多種（例如壓力、變更飼料等）。

● 如果沒有活力、食欲，先一餐不吃讓腸胃休息（但如果是幼犬，請馬上帶去醫院）。

● 持續 1～2 天的話，請帶去醫院。

硬硬的、一顆一顆

〔特徵〕

很硬，表面沒有黏黏的／一推就會滾／撿的時候不會凹進去，形狀不變／不會成為一條，會變成好幾個的球狀（一顆一顆）。

〔對應法〕

● 積極地攝取水分。

● 攝取膳食纖維，讓腸的蠕動變好。

● 做適度的運動，讓腸的蠕動變好。

● 調整生活作息。

其他的便便

◎黑黑的便便 有胃或腸出血的可能，請帶去醫院。

◎便便中混著血 可能是大腸炎或大腸中長腫瘤、瘜肉，或有寄生蟲等，請帶去醫院。

◎便便扁扁的 可能是在直腸長腫瘤或瘜肉。此時即使是好的便便，有時表面也會沾血。若持續發生，請帶去醫院。

在家就能做的身體保健

用小小的習慣，讓寵物生活更健康。

趁狗狗放輕鬆、自己心情也很悠閒時，

試著一邊撫摸狗狗、一邊幫牠做身體保健吧！

經絡穴道按摩

「經絡」在中醫觀點裡，是指讓身體的氣血循環。位於身體的 14 條經絡上有經穴（穴道），藉由刺激穴道的方式就能調整身體、增進健康。在彼此都放鬆時，用溫熱的手開始進行，一邊確認狗狗會不會討厭。

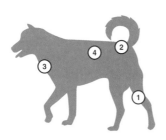

把手指放在穴道上，數「1、2、3」加強力道，確認狗狗有沒有感覺到痛。維持 3 秒不動，再數「1、2、3」放鬆力量。一個穴道要反覆按壓 3～5 次。

① 委中穴

對腰痛有效。位於膝蓋的正後方。一邊用大姆指以外的 4 根手指頭支撐著膝蓋的前側，一邊用大姆指往前方按壓（左右腳各 6 次）。

② 腰的百會穴

有防止老化、消除焦慮不安、整腸的作用。按壓骨盆最寬處和背骨交會、手指可以最深入的部位（3～5 次）。

③ 肩井穴

對解除肩膀僵硬很有效。舉起前腳時可以在肩膀內側摸到的穴道。用食指、中指、無名指這 3 根手指輕輕地按壓（兩側各 3～5 次）。

④ 腎俞穴

可防止老化、腰痛、泌尿器官等問題。位於從最下面的肋骨數來第 2 節腰椎的兩側。用大姆指和食指從兩側按壓（3～5 次）。

淋巴按摩

按摩淋巴可以幫助身體排出不需要的老廢物質，對消除疲勞、肩膀痠痛或減輕壓力等也有幫助。建議在狗狗放鬆時進行，按摩的同時要一邊確認愛犬是否覺得舒服。只要有撫摸狗狗身體的動作都要輕柔，如果你的兩手冰冷，請先搗熱再觸摸。

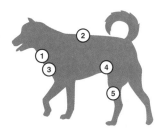

藉由淋巴按摩促進全身淋巴的循環，1 天 1 次、1 次 10 分鐘左右，就能為狗狗打造不易生病的體質。

① 最終出口

在淋巴最終出口的左肩胛骨前側，用手指頭從上往下搓揉按摩（6 次）。

② 背部

把手掌拱起，從脖子往尾巴的方向，碰碰碰輕拍背骨的兩側（6 次）。

③ 腋窩淋巴結

輕輕揉一揉腋下的根部（6 次）。

④ 鼠蹊部淋巴結

用手指按壓大腿內側，兩隻腳都要進行（6 次）。

⑤ 膝窩淋巴結

用雙手像抓住膝蓋的上下一樣交互搓揉。兩隻腳都要進行（6 次）。

草本植物球

草本植物球是源於泰國、印度的傳統醫療。把好幾種的草本植物包在布裡做成球狀，加熱之後壓貼在身上，身體會慢慢地變得溫熱，僵硬的肌肉會放鬆。一般對於自律神經、荷爾蒙調整、肌肉疲勞和身體冰冷等有效。

使用方法

使用犬用的草本植物球。按照說明書上記載的方法，把溫熱的草本植物球壓貼在身體上，並暫時不動、待熱度傳達到身體。等到漸漸熱起來，一邊維持壓貼的狀態，一邊慢慢地搓揉按摩。

*草本植物球的諮詢處：Floralsmile
https://floralsmile-animalherbs.com

① 肩胛骨的前面

從脖子肌肉到前腳肌肉，由上往下輕輕搓揉。左肩是淋巴的最終出口，所以建議一開始就進行。

② 從脖子到背部的按摩

以背骨為正中央，左右兩邊有肌肉，所以以骨頭為中心，分別在右側和左側單側按摩。從頭後方經過肩、腰一直到尾巴根部，直直地用草本植物球撫摸按摩。

③ 肚子的按摩

在表面輕輕撫摸般地按摩。便秘時像是畫圈一樣，在肚子畫圓按摩。拉肚子的時候就以逆時針方向按摩。

④ 溫熱淋巴結

在腋下、膝蓋後側，大腿內側的淋巴結，用稍微溫熱的草本植物球壓貼數秒。藉由溫熱淋巴結，促進淋巴的循環（照片是膝蓋後側）。

刷牙、口腔保健

狗狗雖然不會蛀牙，但若有牙結石累積就會形成牙齦炎，嚴重的話就會變成牙周病。基本上附著在牙齒上的牙垢，3 天就會形成牙結石。據統計，3 歲以上的狗狗 80%有牙周病，這些細菌也會對內臟造成不良影響。預防牙周病最好的方法就是每天刷牙。雖然很多狗狗討厭刷牙，但請一點一點練習，讓牠習慣。另外，有刷牙效果的潔牙骨等，會比完全不處理更好。

沿著後面牙齒的牙齦和牙齒交界處，把牙刷橫向移動刷牙。牙齦變紅的話，就有牙周病的疑慮。如果牙結石附著很多，請去醫院處理。

刷牙的方法

在面紙上擠出少量的寵物用牙膏。把牙刷用水沾濕，沾取少量的牙膏刷後面的牙齒。先刷一次後，再用小碟子裡的水清洗牙刷，再沾牙膏刷牙。以容易髒的後面牙齒為重點，可以的話，犬齒和前排牙齒也要刷。刷的同時也要確認牙齦，如果有牙齦炎就要停止刷牙，並帶去給獸醫檢查。

p.114-115 參考《狗狗的經絡、穴道按摩》、《狗狗的淋巴按摩》（均為日本寵物按摩協會監修）、《寵物專用的針灸按摩指南》（石野孝　澤村 MEGUMI　春木英子　相澤 MANA 小林初穗著／醫道的日本社）

除了寵物用牙刷、牙膏以外，還有各式各樣的牙齒保健用品。VOHC 標章，是由美國獸醫口腔健康委員會（Veterinary Oral Health Council）所認證，能有效控制牙垢、牙結石等情況。

117

簡單的健康訣竅 10

每天生活中，即使小小的事情，
也有很多能讓狗狗有活力的技巧。

recipe 01　什麼時候要吃營養補充品？

如果狗狗食量太小、拒吃蔬菜類等偏食情況嚴重，補充維他命、礦物質等營養補充品會很有效。但亂餵反而會造成浪費，所以建議先和獸醫討論。

recipe 02　變健康的散步方法

散步最大的目的是運動，但如果只是走走停停、到處聞來聞去，運動效果就會大打折扣。可依照每隻狗狗的運動量調整，一般建議讓狗狗專心走路，不要走走停停，約是 10～20 分鐘左右。

recipe 03　目光交流促進分泌幸福荷爾蒙

和愛犬四目交接，會產生非常幸福的感覺。其實這是有根據的，和愛犬眼神交會時，人和狗狗都會分泌名為「催產素」的荷爾蒙。催產素又被稱為幸福荷爾蒙，不只是能讓心情變平靜，也可以減輕壓力、不安和恐懼，亦可抑制血壓的上升、提高心臟機能、預防感染症等。經常交流可以促進感情，還能帶來幸福與健康。

recipe 04　推薦給狗狗的替代療法

治療人類的替代療法，也有很多可運用在狗狗身上。最具代表性的就是按摩和穴道按壓（p.114～p.115），此外還有針灸，具有消炎鎮痛、活化免疫系統、促進血液循環、改善自癒力等效果。此外，不僅日本，在海外也很受歡迎的日式傳統療法中的「靈氣」，也被稱為「按手治療」，能同時幫助肉體及精神兩方面。許多寵物美容沙龍有這方面的療程，有興趣的人不妨去試試！但如果狗狗有明顯不適，建議先帶去醫院。

recipe 05 守護狗狗健康的室內裝潢

家裡應該是能讓狗狗安心的場所，當然要排除不能吃的東西、有受傷疑慮的危險物品，而易滑的地板和高低落差也要注意。防滑差的地板，容易讓膝蓋受傷（特別是小型犬），也有可能因高低落差造成骨折或脫臼。請確認家裡有沒有這些問題。

recipe 06 飼主也一起變健康！

有研究指出，人和狗狗一起生活會變健康。每天散步，對人而言也是很好的運動。另外前面提到的催產素，也有幫助身心的效果。養狗除了能增加對話、微笑、外出的機會，和養狗的朋友交流也能提高社會能力提升人際關係。同時有資料顯示，和狗狗一起生活的人健康壽命很長！

recipe 07 讓人在意的日常飲用水

和飲食一樣，水對身體也很重要。健康的狗狗飲用自來水是沒問題的，不過如果是含有很多礦物質的硬水，可能會讓結石等問題惡化，狗狗有身體不適時就需要注意。身體不適時，礦泉水也不可以，請給軟水。另外飲水量太少或太多都不行，請好好觀察狗狗喝水的量。

recipe 08 不管是人或是狗，壓力都是健康的大敵

狗狗也會因孤獨、不衛生、過熱過冷、運動不足等而感到壓力，甚至變成憂鬱症。重點是溝通互動，當狗狗和飼主多接觸交流，就能提升幸福感。請多多撫摸牠，接觸、撫摸對狗狗健康也有所幫助。

recipe 09 刺激本能，讓壓力紓解

狗狗一天中有大半時間在家裡度過，很容易無聊。除了散步，也請和牠玩讓牠紓解壓力。此時和牠玩追獵物、挖洞等和狗狗本能相似的遊戲，就能讓狗狗心靈得到滿足。喜歡丟接球或拉東西拔河，這些都是來自於狗狗的本能。

recipe 10 製造讓牠安心的場所

狗狗對於像巢穴一樣狹窄的場所會感到安心。即使讓牠在家裡自由活動，也需要有一個狗窩、狗籠或狗屋，讓狗狗有可以安心待著的地方。如果沒有讓牠安心的特定場所，當生病需要住院，或因災難要避難時，可能會難以移動牠而造成困擾。

關於飲食的 Q & A

手作鮮食絕對不難，但開始做時也會有點不安。
現在就為你消除擔心！

Q1

自製鮮食餐，
擔心飯量或必要的營養不夠

\\/

A 使用各式各樣的食材是重點。
和我們的飲食一樣。

　　的確，要像添加各種營養成分的狗飼料一樣達成均衡或許很難。不過手作鮮食比只餵飼料，能攝取到更多的營養。正如同之前說的，我們人也起不會每天計算飲食的營養，只要留意均衡攝取肉／魚類、蔬菜類、穀類來維持健康即可，這點不管是人或狗都是一樣。以第 26 頁的均衡比例為基本，多多運用各種食材吧！

　　另外一個重點，是要觀察愛犬換吃手作鮮食後的狀況。「有沒有好好吃飯？」、「排泄是否良好？」、「有沒有變瘦或變胖？」這些都需要確認。如果狗狗不太想吃，可以加少量芝麻油增加香氣；如果排泄出很多沒消化的東西，就要就徹底煮到軟爛；如果逐漸變胖或是變瘦，就依需求調整飯量。換吃手作鮮食不會讓狗狗變得不健康。

　　一開始腸道環境改變，可能會有拉肚子的情形，這種情形如果持續太久，或是有過敏症狀等之前不曾出現的狀況，請帶去給醫生看診。

狗狗是肉食性動物，
也可以吃穀類或蔬菜嗎？

因為有雜食性，所以是可以吃的。
一開始先一邊觀察一邊餵食。

　　狗狗有雜食性，所以能吃穀類和蔬菜，而且藉由吃這些食物，也能攝取到肉裡面沒有的營養素。另外，狗狗無法消化膳食纖維，其實人類也是一樣，這些雖然不能成為能量，卻對調整腸道環境有幫助。如果之前一直是以肉為主食，剛調整比例也可能會造成消化不良。請一邊觀察便便，一邊把食材切碎一點或煮軟爛一點。

換成手作鮮食後，
好像慢慢變瘦了

因為手作鮮食含有水分
雖然看起來分量一樣，卡路里卻比較低。

　　乾飼料的水分含量在 10%以下，如果手作鮮食的量和以往餵乾飼料的量大致相同，但因為手作鮮食含有很多水分，卡路里就會變低很多，所以變瘦是正常的。同時也可能是因為油脂、穀類比飼料少的緣故，因此分量比飼料量增加多一點也沒關係。餵食基準請參考第 42 頁。建議一邊觀察體型、一邊調節分量來餵。

Q4 狗狗的料理不用調味，那小魚乾和烏龍麵本身的鹽分該要弄掉嗎？

A 完全不攝取鹽分的話，會對健康造成問題。

有人認為狗狗不需要鹽分，鹽像是不能餵的毒一樣。但其實沒有哪種動物完全不攝取鹽分就能生存，會有問題的是「攝取過量」。手作鮮食雖然不用調味，但小魚乾或烏龍麵裡所含鹽分的量，餵狗狗吃是不會有問題的。健康的狗狗只要攝取適當的水分，就能把不需要的鹽分從尿排出去。

Q5 便便裡混著糙米或蔬菜，表示消化不良嗎？

A 切細碎一點，或是煮軟一點再餵即可。

就像前面講過的，動物無法消化膳食纖維。即使是人，也常有蔬菜或糙米未消化就排出的情形，並不一定就是消化不良。因為狗狗不會好好咀嚼食物，所以為了幫助牠消化、吸收必要的營養素，切碎或煮爛一點都是必要的。

Q6 過敏的毛小孩也可以吃手作鮮食嗎？

A 因為可以去除過敏原，反而更適合。

如果過敏原來自於食物，就能依照需求做出適合狗狗的特製膳食。另外，實際上也有案例利用可提高免疫力、排出老廢物質、促進循環的食譜來調整身體狀況，反而讓異位性皮膚炎得到改善。

Q7

有時候吃、有時候又不吃，
食欲時好時壞，
很傷腦筋。

A 是食量小、還是挑食呢？
請試著觀察找出原因。

　　如果是食量小的狗狗，有時會自己控制要吃或不吃。也有
因為想吃更好吃的東西（寵物用肉乾等）而不吃飯的案例（任
性）。一般狗狗肚子餓了自然就會吃，所以不用太擔心，但如
果明顯有身體狀況變差而不吃，或對太挑食而逐漸變瘦，可能
會造成生病，建議帶去看醫生。

08

治療中也可以吃
手作鮮食嗎？
要注意哪些事情呢？

A 也有疾病得到改善的案例。
請務必先和獸醫諮詢。

　　因生病而食欲變差，或者希望牠能好好吃飯的時候，色香
味俱全的手作鮮食最適合了，而且也有人選擇用手作鮮食的方
式當成治療專用的處方膳食。但因為生病可能需要避開，或增
減特定營養素，如果想在療養中採用食療手作鮮食，請務必先
和平常看診的獸醫討論一下比較好。

狗飼料的標籤閱讀法和挑選法

在不做手作鮮食的日子、或是搭配配菜膳食使用的飼料，也建議要選擇和手作鮮食一樣優質的產品。購買前請確認以下的幾個重點。

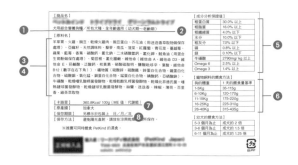

❶ 綜合營養狗糧 or 一般狗糧
　＊「綜合營養狗糧」是當成狗狗主食的飼料。「一般狗糧」或「零食」是副食。

❷ 適用的犬種或年齡
　＊標示適用的犬種或年齡。除了有對應全年齡（所有年齡階層）的產品之外，還有幼犬用、成犬用、高齡犬用、懷孕、哺乳期用等，弱勢高齡或生病等需要特別營養素的情形，請遵照獸醫指示。

❸ 原料
　＊原料從最前面開始依序以含量多到少排列。
　＊如果是狗飼料，以肉（或魚）放在最前面的最好，但如果有「肉類」、「家禽類」等模糊的標示，也有可能使用了品質不良的肉（副產品或廢棄加工肉等）。要選具體標示「雞肉」、「牛肉」、「火雞」等的產品。
　＊會過敏的毛小孩，要確認是否含有過敏原。

❹ 添加物
　＊也要注意食品以外的添加物，要選添加物少的產品、不含危險添加物的產品。
　＊抗氧化劑的「乙氧基因」是禁止對人使用的添加物，「BHT」、「BHA」被指出有致癌性。
　＊人工合成色素的「紅色 2 號、3 號、40 號、104 號」被認為有致癌性。「藍色 1 號」、「黃色 5 號」被指出是造成過敏的原因之一。

❺ 成分分析保證值
　＊成分分析保證值以蛋白質多的產品較適合狗狗。

❻ 餵食量
　＊依體重別標示餵食量基準。可參考這個並依據體型來餵食，也可以按照卡路里的標示（　）推算出必要的量。

❼ 製造年月日
　＊確認食用期限、有效期限是否快到了，儘量選新鮮的產品。在網路等購買時，請在可確認製造年月日等具公信力的網站購買。

食材 INDEX

*（ ）是在 CHAPTER2「建議讓狗狗吃的食材」中解説的頁數。

◎肉／魚類

柴魚 ― (34),56／以下為柴魚湯 ― 61

蝦米 ― 101

鮭魚 ― (34),68,90,103

鯖魚 ― 87

蛋 ― (33),59,60,69,95,101

鱈魚 ― (34),96

鮪魚 ― (34),88,92

雞骨架 ― 54／以下為雞湯 ― 59,93,96,101

雞絞肉 ― (33),93,98

雞胸肉 ― (33),95,98

雞腿肉 ― (33),67,85,103

雞肝 ― (33),95

小魚乾粉 ― (34),56／以下為小魚乾粉湯 ― 59,87,89,90,92

羊肉 ― (33),98

豬肉 ― (33),59,91,95,101

◎蔬菜、海藻類

紅豆 ― (37),86

豆渣 ― 98

秋葵 ― (36),89,96

蕪菁 ― (35),96,103

南瓜 ― (35),85,86,95,96

高麗菜 ― (36),101

小黃瓜 ― (36),59,65,88

牛蒡 ― (35),96

小松菜 ― (36),67,69,87,90,101

蒟蒻 ― (37),59

地瓜 ― 64,90,92

香菇（乾香菇） ― 67,85

鴻喜菇 ― (37),59,95,103

馬鈴薯 ― (36),60,91,103

西洋芹 ― 91

蘿蔔 ― (35),52,59,61,65,67,87,90,93,98

食材 INDEX

豆腐 — (37),88
番茄 — (36),59,60,91,95,103
茄子 — (36),91
納豆 — (37),61,89,96
紅蘿蔔 — (35),59,65,67,69,85,93,96,98,101,103
白菜 — 98
青椒 — (36),91
羊栖菜 — (37),53,68
青花菜 — (36),59,68,98
菠菜 — (36),103
舞菇 — (37),69,87,90,92,96,98,101,103
豆芽菜 — 101
山藥 — (35),64,93,101

◎穀類

烏龍麵 — (38),85,89
糙米飯 — (38),92
飯 — (38),67,68,69,87,88,90,96,98,101
麵粉 — 95,101

◎油脂、其他

綠紫蘇 — 98
海苔粉 — (38),92,101
梅子乾 — 89
橄欖油 — 53,59,91,95
寒天 — 63
葛粉 — 52
芝麻 — (38),52,85,88,101
芝麻油 — 60,69,85,101
薑粉 — 52,85,87,90
豆漿 — 63,85,95,96,98,103
荷蘭芹 — 93,95,103
蜂蜜 — 52,64
味噌 — 85,87,88,90
優格 — (34),62
蘋果 — 62

參考文獻

- 《伴侶動物營養學》（I.H. Burger 著　秦貞子譯　長谷川篤彥監譯／Interzoo）
- 《家庭自製狗狗和貓咪膳食》（Donald R. Strombeck 著　浦元進譯／光人社）
- 《專為維持健康、改善疾病的　愛犬的飲食療法》
　（Ihor John Basko 著　森井啟二監修　伊庭野玲子譯／GAIA BOOKs）
- 《愛犬專用的全方位食材事典》
　（日本動物保健協會著 監修／日本動物保健協會）
- 《簡單！親手做狗狗膳食》（須崎恭彥著／Natsume 社）
- 《狗狗膳食的教科書》（俵森朋子著／誠文堂新光社）
- 《愛犬專用的　食物的營養事典》（須崎恭彥著／講談社）
- 《愛犬專用的症狀、目的別營養事典》（須崎恭彥著／講談社）
- 《狗和貓的營養學》（奈良 NAGISA 著／綠書房）
- 《配菜膳食基礎 BOOK》（阿部佐智子著　渡邊由香　阿部知弘監修／藝文社）
- 《配菜膳食實踐 BOOK》（阿部佐智子著　渡邊由香　阿部知弘監修／藝文社）
- 《狗狗的經絡、穴道按摩》（日本寵物按摩協會監修）
- 《狗狗的淋巴按摩》（日本寵物按摩協會監修）
- 《寵物用的草本植物大百科》（Gregory L. Tilford & Mary L. Wulff 著 金田郁子譯 金田俊介監修／Nana CC）
- 《寵物專用的針灸按摩指南》
　（石野孝　澤村 MEGUMI　春木英子　相澤 MANA　小林初穗著／醫道的日本社）
- 《用自己的手治癒動物的動物靈氣》（福井利惠著　仁科 MASAKI 編）

台灣廣廈 國際出版集團
Taiwan Mansion International Group

國家圖書館出版品預行編目（CIP）資料

狗狗這樣吃不生病：良心獸醫教你46道超簡單的手作健康狗料
理，從營養補充、調理體質到對症食療一本搞定！/浴本涼子作
；胡汶廷譯. -- [新北市]：蘋果屋出版社有限公司, 2021.09
　面；　公分
ISBN 978-986-06195-9-1（平裝）
1. 犬 2. 寵物飼養 3. 食譜
437.354　　　　　　　　　　　　　　　　110009072

狗狗這樣吃不生病
良心獸醫教你46道超簡單的手作健康狗料理，從營養補充、調理體質到對症食療一本搞定！

作　　者／浴本涼子		編輯中心編輯長／張秀環‧編輯／張秀環	
翻　　譯／胡汶廷		封面設計／張家綺‧內頁排版／菩薩蠻數位文化有限公司	
		製版‧印刷‧裝訂／東豪‧弼聖‧秉成	

行企研發中心總監／陳冠蒨　　　　線上學習中心總監／陳冠蒨
媒體公關組／陳柔妏　　　　　　　數位營運組／顏佑婷
綜合業務組／何欣穎　　　　　　　企製開發組／江季珊、張哲剛

發　行　人／江媛珍
法律顧問／第一國際法律事務所 余淑杏律師‧北辰著作權事務所 蕭雄淋律師
出　　版／蘋果屋
發　　行／蘋果屋出版有限公司
　　　　　地址：新北市235中和區中山路二段359巷7號2樓
　　　　　電話：（886）2-2225-5777‧傳真：（886）2-2225-8052

代理印務‧全球總經銷／知遠文化事業有限公司
　　　　　地址：新北市222深坑區北深路三段155巷25號5樓
　　　　　電話：（886）2-2664-8800‧傳真：（886）2-2664-8801
郵政劃撥／劃撥帳號：18836722
　　　　　劃撥戶名：知遠文化事業有限公司（※ 單次購書金額未滿1000元需另付郵資70元。）

■ 出版日期：2021年9月　　　■ 初版3刷：2024年8月
ISBN：978-986-06195-9-1　　版權所有，未經同意不得重製、轉載、翻印。